식빵의 기술

용동희 옮김

사각식빵

008
사각식빵
푸앵타주

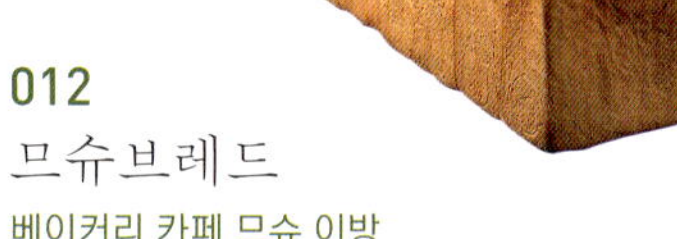

012
므슈브레드
베이커리 카페 므슈 이방

016
팽 카레
불랑주리 오베르뉴

020
사각식빵
프랑스과자 프랑스빵 비고의 가게

024
식빵
불랑주리 라 세종

028
골드식빵
폰셰

032
사각식빵
푸르니에

036
고급식빵
트윈클

040
시라카미 생크림식빵
루앙 몽타뉴

044
사각식빵
브레드 크리에이터 스기야마 히로하루

사각식빵

048
스가모토스트
불랑주리 토스트

052
식 빵
팽 드 나노슈

056
이방브레드
베이커리 카페 므슈 이방

060
식 빵
봉 비방

064
사각식빵
불랑주리 푸 부

068
그레이엄 식빵
프랑스과자 프랑스빵 비고의 가게

072
흑설탕 사각식빵
불랑주리 므슈 아슈

076
흑설탕식 빵
폰셰

080
홍국식빵
후지산 용암가마에 구운 season factory 팡노미

084
팽 드 미 브리오슈
프랑스과자 프랑스빵 비고의 가게

사각 식빵

단맛이 은은하고
밀가루의 감칠맛도 즐기는 심플한 식빵

•

재료와 만드는 과정이 간단하다. 제빵용 강력분인 '벨 물랭(Belle moulin)'을 주재
료로 사용하고, 생크림, 발효버터, 세미드라이이스트로 맛을 한 단계 향상시켰다.
7종류의 식빵 중에서 가장 인기가 많다.

POINT

•

가수율이 높은 고급빵을 만드는 밀가루를 사용한다.

•

풍부한 향과 리치한 맛을 추구한 식빵.

생크림
사용

사각식빵

배합

-

강력분(벨 물랭) 100%

세미드라이이스트 1%

소금 2%

설탕 6%

생크림 3%

달걀 5%

발효버터 10%

물 65~68%

과정

-

믹싱

속도1 2분, 속도2 6분

↓ (발효버터)

속도2 5~6분

반죽온도 26~28℃

1차 발효

온도 30℃, 습도 85%에서 60분

펀치 후 30분

분할·둥글리기

220g

휴지

20분

성형

밀대로 평평하게 민 것을 말아서

U자모양으로 구부린 다음,

6덩어리가 들어가는 풀먼틀에 넣는다.

최종 발효

온도 30℃, 습도 85%에서 40~45분

굽기

뚜껑을 덮고 윗불 200℃, 아랫불 210℃에서 40분

믹서·오븐

-

믹서_ 버티컬 믹서(스파이럴 후크), 브랜드 AICOH

오븐_ 일반 오븐, 브랜드 MIWE

> **생크림과
> 발효버터의
> 맛과 향을
> 살린 식빵**

산형식빵 '팽 드 미'와 차별화시켜서 개발한 '사각식빵'. 프랑스빵용 밀가루를 사용하여 스트레이트법으로 만드는 팽 드 미에 비해, 사각식빵은 같은 스트레이트법이기는 하지만 팽 드 미만큼 오래 발효시키지 않고 만든다. 이 식빵은 만드는 과정이 복잡하지 않고 사용하는 재료도 간단하다. 그렇지만 플레인 식빵에는 넣지 않는 생크림과 발효버터를 사용하여 리치한 맛을 추구하였다.

사각식빵의 맛을 완성하는 데 가장 중요한 것이 바로 마루신제분의 제빵용 강력분인 '벨 물랭'이다. 질 좋은 밀로 만들어서 맛과 향이 좋을 뿐 아니라, 오븐 스프링이 잘 일어나서 볼륨감 있는 빵을 만들 수 있기 때문에 1년 전부터 사용하고 있다. 노화가 늦어서 3일이 지나도 퍼석거리지 않으며, 글루텐이 많지만 촉촉하게 구워지는 것도 특징이다. 게다가 작업하기도 편해서 빵을 안정적으로 만들 수 있다. 이 식빵을 만들 때는 100% 벨 물랭만 사용하는 만큼 벨 물랭의 감칠맛을 제대로 맛볼 수 있다.

> **버터의 풍미를
> 살리는
> 믹싱이
> 중요하다**

사각식빵을 만들 때 가장 중요한 포인트는 믹싱할 때 버터를 넣는 타이밍과 버터를 넣은 다음의 믹싱 상태이다. 이러한 것들은 발효버터의 풍미에 큰 영향을 준다.

먼저 믹서볼에 벨 물랭, 세미드라이이스트, 소금, 설탕, 달걀, 생크림, 물을 넣고 속도 1로 2분, 속도2로 6분 돌린다. 첫 번째 포인트는 여기서 반죽이 확실히 섞였는지 확인한 다음 발효버터를 넣는 것이다. 그 다음은 속도2로 5~6분 돌린다. 두 번째 포인트인 믹싱 상태는 반죽을 지나치게 섞지 않는 것이다. 발효버터를 넣는 타이밍이나 믹싱 상태를 잘못 판단하면 발효버터의 풍미가 날아가버린다.

<푸앵타주>의 나카가와 셰프는 '믹서의 특징을 알고, 그에 맞춰서 믹싱을 조절하는 것이 필요하다'고 설명한다. 매장에서는 빠르게 잘 섞이는 스파이럴 후크가 있는 버티컬 믹서를 사용한다.

믹싱 후에는 발효기에 넣어 1차 발효를 하는데, 반죽을 좀 더 안정적으로 만들기 위해서는 상온보다는 발효기를 사용하는 것이 좋다. 온도 30℃, 습도 85%로 설정한 발효기에 넣고 1시간 정도 반죽을 발효시킨다.

이 과정이 끝나면 펀치를 하고 30분 정도 반죽을 그대로 둔다. 그리고 1덩어리가 220g이 되도록 분할하여 둥글린 다음, 다시 20분 정도 반죽을 휴지시키고 성형한다. 6덩어리가 들어가는 풀먼틀에 넣고 발효기에서 최종 발효를 한다. 최종 발효는 1차 발효와 같은 습도와 온도로 약 45분 동안 한다.

마지막으로 윗불 200℃, 아랫불 210℃로 설정한 오븐에서 약 40분 동안 굽는다. 매장에서는 독일 미베사의 전기 가열식 오븐을 사용하는데, 식빵을 구울 때는 폭이 넓고 깊이가 얕은 일반 오븐이 알맞다는 것이 나카가와 셰프의 설명이다.

이렇게 구워진 사각식빵은 생크림과 발효버터를 사용했기 때문에 깊고 진한 맛이 난다. 유지방 38% 생크림의 깊은 맛과 발효버터의 독특한 향이 특징이다. 보통 빵에 넣는 당분은 3~4%인데, 이 식빵의 경우 6%이므로 조금 단 편이다. 식감은 촉촉하고 탄력이 있으며, 벨 물랭의 향도 즐길 수 있다.

므슈브레드

쫄깃하고 탄력 있는 속과
바삭한 겉이 하나가 된다

•

겉은 바삭하고 속은 쫄깃한 식빵을 만들기 위해 탕종법을 선택하였다. 토스트하면 쫄깃한 식감이 한층 잘 살아난다. 탕종을 사용하지만 펀치를 하지 않고 성형을 2단계로 나눠서 진행하여 반죽을 최상의 상태로 만든다.

POINT

•

꿀을 넣어 풍미를 더한다.

•

단계별로 성형을 진행하여 반죽을 최상의 상태로 만든다.

탕종법
꿀 사용
장시간
발효

므슈브레드

>> RECIPE <<

배 합

●

탕종

강력분(골든요트) 20%

소금(시마마스) 1.9%

뜨거운 물 27%

●

본반죽

강력분(스리굿) 60%

강력분(골든요트) 20%

생이스트 2.8%

꿀 8%

탈지분유 5%

무염버터 6%

물 43%

믹 서 · 오 븐

●

믹서_ 버티컬 믹서(스파이럴 후크), 브랜드 SK믹서

오븐_ 돌가마 오븐, 브랜드 TSUJI

과 정

●

탕종

믹싱

밀가루와 소금을 섞은 다음,

60~65℃의 뜨거운 물을 넣고 충분히 반죽한다.

냉장 발효

한 김 식으면 7℃ 저온 냉장고에 반나절 동안 넣어둔다.

●

본반죽

믹싱

저속 4분, 중속 4분

↓ (무염버터)

저속 4분, 중속 5~6분

반죽온도 27℃

1차 발효

온도 30℃, 습도 75%에서 120분

분할 · 둥글리기 230g

휴지 30분

성형

막대모양으로 둥글리기

휴지 30분

성형

롤모양으로 둥글게 말아서

6덩어리가 들어가는 풀먼틀에 넣는다.

최종 발효

온도 30℃, 습도 75%에서 70분

굽기

뚜껑을 덮고 윗불 210~220℃, 아랫불 280℃에서 40분 속은 쫄깃하고 겉은 바삭해서 가벼운 '므슈브레드'는 탕종법으로 만든 식빵이다.

> **탕종을 사용할 때는 반죽온도를 유지하는 것이 중요하다**

탕종에는 '골든요트' 밀가루를 사용하는데, 소금은 본반죽에 넣지 않고 탕종에 넣는다. 그 이유는 소금에는 살균효과가 있어서 작업한 다음 반나절 두는 동안 노화되는 것을 막을 수 있기 때문이다. 먼저 밀가루와 소금을 섞은 다음 60~65℃ 정도의 뜨거운 물을 넣고 알파화시켜서 충분히 반죽한다. 여기서 어중간하게 온도가 내려가면 쫄깃한 식감을 만드는 데 실패한다. 한 김 식으면 약 7℃ 저온 냉장고에 반나절 동안 넣어둔다. 이렇게 만든 탕종을 다음날 본반죽에 넣는다.

본반죽에 사용하는 밀가루는 탕종에 사용한 '골든요트'가 주인공으로 여기에 '스리굿'을 더한다. 밀가루 블렌딩의 포인트는 서로 다른 제분회사의 밀가루를 섞는 것이라고 오구라 셰프는 말한다. 좀 더 특별한 맛으로 차별화할 수 있기 때문이다. 또한 풍미를 더하기 위해서 꿀을 넣는데, 꿀의 풍미를 최대한 살리기 위해 달걀 등은 넣지 않는다. 버터는 무염버터를 사용하며, 가염버터를 넣으려면 탕종에 넣는 소금의 양을 조절하면 된다. 우유 대신 탈지분유를 사용하는 이유는 작업하기 편하고 온도변화에 좌우되지 않기 때문이다.

> **1차 발효는 반드시 발효기로 하고, 반죽이 끊어지지 않게 주의한다**

무염버터 이외의 재료를 모두 믹서볼에 넣고 믹싱을 시작한다. 중간에 버터를 넣고 믹싱이 끝나면 발효기에 넣어 1차 발효를 한다. 이 과정은 오구라 셰프가 '빵은 1차 발효에서 결정된다'고 말할 정도로 중요하다.

온도와 습도, 시간을 철저하게 관리한 발효기에서 1차 발효를 하지 않으면, 완성된 빵의 맛이나 향이 달라지고 그 이후의 작업도 힘들어진다. 특히 겨울에는 반죽이 너무 단단해져서 숙성이 덜 된 빵이 만들어진다. 발효가 제대로 되었는지는 핑거테스트로 확인한다.

1차 발효 다음에 이루어지는 과정도 독특하다. 분할한 반죽을 둥글려서 30분 휴지시킨 다음, 반죽이 부드러워지면 막대모양으로 성형한다. 여기서 제빵용 몰더를 사용하면 반죽에 필요 이상의 탄력이 생기므로 사용하지 않는다. 다시 30분 동안 두어서 반죽이 부드러워지면 밀대를 사용하여 롤모양으로 둥글게 말아서 1개씩 틀에 넣는다. 롤모양으로 둥글게 말면 가스가 빠져서 매끄러운 반죽이 된다.

이 과정을 거쳐서 성형작업을 하면 펀치를 하지 않아도 반죽이 지나치게 단단해지거나 끊어지는 일이 거의 생기지 않는다. 최종 발효를 마치고 구울 때는 아랫불을 윗불 온도보다 높여서 옆면까지 천천히 오랫동안 굽는다.

이 식빵의 반죽은 쉽게 단단해지는데, 그것이 걱정된다면 단백질 함유량이 적은 밀가루를 사용하는 것도 하나의 방법이다. 그렇지만 익반죽을 하기 때문에 단백질이 적은 밀가루를 사용하면 반죽에 부담을 주게되므로 조절이 필요하다.

'므슈브레드'의 제조과정에서 중요한 포인트는 탕종을 준비할 때는 설정한 반죽온도(60~65℃)를 유지하고 휴지 시간을 길게 잡아야 하는 것과 절대로 반죽이 끊어지지 않게 해야 하는 것인데, 반죽이 끊어지면 오븐 스프링이 잘 일어나지 않고 껍질이 두꺼워지기 때문이다. 이를 막기 위해 <므슈 이방>에서는 모든 과정을 수작업으로 진행한다.

팽 카레

심플함 속에
고운 결과 우유의 풍미가 살아 있다

•

7~8가지 정도 되는 매장의 식빵 종류 중에서 가장 기본이 되는 식빵이다. 버터 토스트로 먹기 좋게 우유 등의 부재료로 풍미와 향을 더해서 버터와 잘 어울리는 맛으로 완성하였다.

POINT

•

매일 먹어도 질리지 않는 심플한 식빵.

•

결이 곱고 버터와 잘 어울리는 우유 풍미가 있다.

우유 사용

사각 식빵

씹는 맛을 제대로 살린
결이 고운 식빵

•

사각식빵은 가장 기본이 되는 식빵으로, 매장에서 판매하는 샌드위치에도 많이 사용한다. 매일 먹어도 질리지 않는 맛으로, 첨가물을 넣지 않아 안심하고 먹을 수 있다. 프랑스빵용 밀가루를 50% 배합하여 씹는 느낌을 살렸다.

POINT

•

우유를 넣는다.

•

프랑스빵용 밀가루를 50% 배합한다.

무첨가
프랑스빵용
밀가루 50%

사각식빵

>> RECIPE <<

배합

●

프랑스빵용 밀가루(리스도르) 50%

강력분(슈퍼킹) 50%

생이스트 0.7%

인스턴트드라이이스트 0.7%

소금 2%

설탕 4%

탈지분유 0.5%

무염버터 6%

우유 20%

물 54%

과정

●

믹싱

저속 4분, 속도2 4~5분

↓ (무염버터)

저속 2~3분

반죽온도 24℃

1차 발효

45분, 가볍게 펀치 후 45분

분할

540g

막대모양으로 길게 민 다음,

2가닥을 땋아서 1가닥으로 만든다.

휴지

30분

성형

크기에 맞는 풀먼틀에 넣는다.

최종 발효

온도 28℃, 습도 60~70%에서 40~50분

굽기

뚜껑을 덮고 윗불 220℃, 아랫불 180~200℃에서 45분

믹서 · 오븐

●

믹서_ 스파이럴 믹서

오븐_ 가스오븐

<비고의 가게>는 프랑스빵을 일본에 퍼뜨린 선구자라고 해도 과언이 아닌 곳이다. 그런 가게에서 사각식빵은 오픈 때부터 제공하고 있는 '매일 즐길 수 있는 대표적인 빵'이다. 처음부터 지금까지 이스트나 보존료 등을 전혀 사용하지 않고 만들어서 믿고 먹을 수 있다.

밀가루는 '슈퍼킹'과 프랑스빵 전용 밀가루인 '리스도르'를 배합하여 사용한다. 강력분의 비율이 높을수록 탄력이 강하고 단단한 식감의 빵이 되는데, 이것을 좀 더 부드럽게 하려고 리스도르를 배합하는 것이다. 사각식빵은 슈퍼킹 50%와 리스도르 50%를 배합하여 만든다.

우유는 풍미와 맛을 좋게 하려고 넣지만, 우유만으로는 발효에 방해되기 때문에 탈지분유를 함께 넣는다. 배합비율은 발효와 풍미의 밸런스를 생각해서 우유 20%, 탈지분유 0.5%로 결정하였다. 또한 식빵은 매일 먹는 빵인 만큼 누구나 부담 없이 살 수 있는 가격이어야 하므로, 탈지분유를 조금 넣어서 판매가격을 조절한다.

스파이럴 믹서에 버터 이외의 재료를 넣고 저속으로 4분 동안 돌린다. 계속해서 속도2로 4~5분 돌리고, 버터를 넣은 다음 다시 저속으로 2~3분 돌리고, 1차 발효를 시작한다. 1차 발효는 45분 동안 그대로 둔 다음, 가볍게 펀치를 1번 하고, 다시 45분 동안 그대로 둔다. 분할할 때는 1덩어리가 540g이 되게 나눈 다음 막대모양으로 길게 밀고, 밀어놓은 2가닥을 땋아서 1가닥으로 만든다. 30분 휴지시키고, 1가닥으로 만든 2가닥 분량의 반죽을 틀에 담아 발효기에 넣고 최종 발효를 한다.

발효기는 온도 28℃, 습도 60~70%로 설정하여 여름에는 40~50분, 겨울에는 60분 동안 발효시킨다. 발효 후에는 뚜껑을 덮고 윗불 220℃, 아랫불 180~200℃로 설정한 오븐에서 45분 동안 굽는다.

쫄깃하고 씹는 느낌이 좋아서 그대로 먹어도 맛있고, 구우면 속이 부드럽게 부풀어서 또 다른 맛을 즐길 수 있는 식빵이다.

이 식빵의 매력은 쫄깃한 식감에 있다. 뚜껑을 덮고 굽기 때문에 수분이 날아가지 않아서, 산형식빵과는 달리 씹는 느낌이 살아 있는 식빵으로 완성된다. 그런 '쫄깃한 식감'을 만들려면 뚜껑을 덮고 오븐에 넣기 전에 반죽의 발효상태를 신경써야 한다. 발효가 조금 부족한 상태에서 뚜껑을 덮고 구우면 묵직한 느낌의 빵이 된다. 발효가 조금 지나친 상태에서 뚜껑을 덮고 구우면 너무 많이 부풀어서 퍼석한 빵이 된다.

이러한 반죽의 발효상태를 제대로 판단하려면 제빵 경험이 아주 중요하다. 겉으로 보이는 모양뿐 아니라 분할과 성형할 때의 감촉으로 발효시간과 굽는 시간 등을 조절해야 하기 때문이다.

<비고의 가게>에서는 빵을 판매할 뿐 아니라, 즐기는 방법이나 먹는 방법도 다양하게 제안하고 있다. 샌드위치는 매장의 인기상품이면서 또한 식빵을 맛있게 즐기는 방법이기도 하다. 정어리 오일절임과 타르타르 소스를 섞어서 사각식빵 사이에 넣은 샌드위치, 비네그레트 소스로 밑간을 한 아스파라거스와 아보카도에 타르타르 소스를 섞어서 사각식빵 사이에 넣은 샌드위치 등을 먹음직스럽게 만들어서 사는 사람으로 하여금 따라해보고 싶게끔 한다. 그 밖에도 빵과 요리를 제공하는 카페 스타일의 매장을 별도로 운영하며 트렌드를 리드하고 있다.

식빵

깔끔한 맛의 식빵으로
다양하게 응용할 수 있다

•

샌드위치나 토스트로 먹을 때 여러 가지 재료와 조합할 수 있도록, 특별히 두드러
지는 맛 없이 담백하게 만든 플레인 식빵. 사용하는 재료도 복잡하지 않고 심플하
며, 정통 스트레이법으로 만든다.

POINT

•

여러 가지 재료나 소스와 어울리도록 심플하게 만든다.

•

다른 빵을 만들 때 사용하는 재료로 만들어서 가격을 낮춘다.

스트레이트법

식빵

>> RECIPE <<

배합

-
강력분(벨 물랭) 100%

사프 인스턴트드라이이스트 1%

소금 2%

그래뉴당 5%

쇼트닝 5%

우유 8%

물 68%

과정

-

믹싱

저속 2분, 고속 5분

↓ (쇼트닝)

저속 1분, 고속 2분

반죽온도 26℃

1차 발효

상온(빵 트레이에 넣고 뚜껑을 덮는다)에서 90분,

펀치 후 30분

분할

215g

휴지

25~30분

성형

손으로 둥글려서 6덩어리가 들어가는 풀먼틀에 넣는다.

최종 발효

온도 38℃, 습도 70~75%에서 1시간

굽기

뚜껑을 덮고 윗불 215℃, 아랫불 230℃에서 40분

믹서 · 오븐

-
믹서_ 스파이럴 믹서, 브랜드 KEMPER

오븐_ 데크 오븐, 브랜드 BONGARD(MA)

<불랑주리 라 세종>은 오너 불랑제 사이조 유키가 유럽 거리의 빵집들처럼 그 지역과 밀접한 관계가 있는 베이커리를 만들고 싶어서 문을 연 가게이다. 직접 구운 하드 계열의 빵이 주력 상품이지만 '식빵'은 없어서는 안 될 효자상품이다.

사이조 셰프의 이 빵에 대한 기본적인 생각은 '플레인 빵은 특징없이 플레인한 것이 가장 좋다'는 것이다.

> **플레인 빵은 최대한 플레인으로 만드는 것이 기본이다**

플레인 빵은 빵을 구입한 손님이 직접 자신의 입맛에 맞게 요리해서 먹을 수 있다. 아침에는 구워서 버터를 발라 먹고, 도시락이나 점심으로는 속재료를 넣어 샌드위치를 만들어 먹고, 저녁에는 메인요리와 함께 소스를 찍어 먹기도 한다. 이처럼 식빵은 다른 음식과 조합하여 먹는 빵이다. '소스나 다른 재료와 조합하여 먹는 것이 빵 본래의 모습이므로 식빵도 심플하게 만드는 것이 가장 좋다'고 사이조 셰프는 말한다.

그런 생각대로 매장의 식빵은 스트레이트법으로 만들고 있으며, 사용하는 재료도 가능한 한 심플하게 준비한다. 맛 또한 정통적인 가벼운 맛을 내려고 한다.

밀가루는 마루신제분의 강력분 '벨 물랭'을 100% 사용하는데, 맛, 풍미, 흡수성, 오븐 스프링 등 여러 면에서 질이 좋으며 가격도 합리적이기 때문이다. 유지류는 쇼트닝을 사용하며, 밀가루의 풍미를 살리기 위해 버터 등 유제품의 향을 더하지 않는다.

그 밖의 부재료로는 그래뉴당과 우유를 사용한다. 그래뉴당을 선택한 것은 다른 빵에도 함께 사용할 수 있기 때문에 비용을 절감할 수 있고 보관하기도 쉽기 때문이다. 식빵은 매일 먹기 때문에 가격을 되도록 저렴하게 낮추기 위해서, 복잡하지 않게 다른 빵을 만들 때도 사용할 수 있는 재료를 선택한다.

식빵 반죽은 매일 아침 그날 사용할 양을 스트레이트법으로 만든다. 믹서는 독일 켐퍼사의 스파이럴 믹서를 사용하는데, 반죽을 두들기기보다 부드럽게 반죽하기 위해서이다.

> **기온과 습도 등 데이터를 정리해서 빵 만들기에 활용한다**

예전에는 생이스트를 사용하였지만 현재는 르사프르사의 인스턴트드라이이스트를 사용한다. 이스트 특유의 냄새가 없고 가볍고 바삭한 식감의 빵을 만들 수 있기 때문이다.

'드라이이스트는 천천히 활성화되므로 반죽온도를 조금 낮추고, 생이스트보다 발효시간을 길게 잡는다. 이렇게 반죽온도와 발효시간의 균형을 맞추는 것이 가장 어렵다'고 사이조 셰프는 말한다. 가장 균형이 잘 맞았던 경우가 반죽온도를 26℃로 맞추고, 31~32℃의 상온에서 90분 발효시킨 다음, 펀치를 하고, 다시 30분 발효시키는 지금의 방법이다.

빵을 만들 때는 그날의 기온, 실온, 습도 등 다양한 요소의 영향을 받기 때문에 타이밍이나 밸런스에 따라 완성도가 달라진다. 그런 상황에서도 언제나 안정된 빵을 만들기 위해서는 '무엇보다 기본을 지키는 것이 중요하다'는 것이 사이조 셰프의 설명이다. 매일 기온, 습도 등의 데이터를 정리하여 흐린 날이나 추운 날 등 여러 날씨에 대처하고 있다.

골드 식빵

지역 TV에서 인기 있는 빵 순위 NO.1
쫄깃한 식감이 특징인 식빵

•

하루에 150개(약 400g/1개) 정도 팔리는 인기 식빵이다. 지역 방송에서도 인기 식빵 NO.1으로 뽑힐 정도로, 미리 예약하고 사러오는 손님도 많다. 냉장 중종으로 만들어서 쫄깃하고 씹는 맛이 있다. 다음날 먹어도 맛있다.

POINT

•

전날 준비한 냉장 중종으로 만든다.

•

씹는 느낌이 있으며 맛있다.

냉장 중종
몰더
2번 통과

사각식빵

맛도, 가격도 좋아 매일 먹을 수 있는 보통날의 행복식빵

한번에 사용하는 밀가루의 양이 10kg으로, 평일에는 최소 3번 정도 굽고 주말에는 5~6번 구울 정도로 인기가 많은 식빵이다. 매일 먹을 수 있는 진하지 않은 맛과 합리적인 가격을 목표로, 그 이상의 맛있는 사각식빵을 추구한다.

POINT

발효종을 사용하여 발효시간을 단축한다.

단시간에 믹싱하고 스팀을 넣어 굽는다.

발효종

사각 식빵

>> RECIPE <<

배합

•

강력분(카멜리아) 80%

밀가루(빅토리아) 20%

세미드라이이스트 0.8%

호수소금(천일염, 오스트레일리아산) 2%

사탕수수 설탕 3.5%

상백당 3.5%

가염버터 6%

몰트 0.2%

탈지분유 3%

물 70%

발효종 15%

(전날 준비한 반죽을 냉장고에서 하룻밤 발효시킨 것.)

믹서 · 오븐

•

믹서_ 스파이럴 믹서, 브랜드 KEMPER

오븐_ 브랜드 BONGARD

과정

•

믹싱

밀가루, 물, 몰트를 넣고 저속으로 2분

(믹싱을 끝내기 직전에 이스트를 넣는다.)

오토리즈 15분

↓ (소금, 설탕류, 탈지분유, 발효종)

저속 3분, 고속 1분

↓ (가염버터)

저속 2분, 고속 1분

반죽온도 28℃

둥글리기

빵 트레이에 넣고 10분 후에 3절접기 2번

1차 발효

상온에서 60분

분할

220g씩 2단몰더에 통과

휴지

20분

성형

2단몰더에 통과시켜서 원통모양으로 만든다.

6덩어리가 들어가는 풀먼틀에 넣는다.

최종 발효

온도 32℃, 습도 75%에서 70분

굽기

뚜껑을 덮고 윗불 230℃, 아랫불 240℃에서 40분

(오븐에 넣고 스팀 1번, 10분 후 다시 스팀 1번)

사카타 셰프 혼자 준비해서 많이 팔 때는 최고 38만엔의 매상을 올리는 <푸르니에>. 매장을 오픈하는 아침 6시에는 70~80%의 상품이 준비되도록 시스템을 체계화시켰는데, 그러기 위해서는 치밀한 타임 스케줄과 그것을 가능하게 만드는 배합과 제빵법이 중요하다.

'사각식빵'은 평일에는 밀가루를 30㎏ 사용하고, 주말에는 50~60㎏을 사용할 정도로 인기상품이다. 은은한 단맛과 촉촉한 식감이 있어서 그대로 먹어도 맛있고, 토스트로 먹어도 맛있다.

사카타 셰프가 추구하는 식빵은 매일 먹을 수 있는 맛이므로, 밀가루는 '카멜리아'와 '빅토리아'를 사용한다. 카멜리아는 익숙해서 사용하기 편한 것이 장점이고, 20% 정도 배합하는 빅토리아는 캐나다산 밀가루로 촉촉하면서 동시에 바삭한 빵을 만들 수 있기 때문이다.

발효종을 15% 사용하는 것도 이 식빵의 특징인데, 발효종은 전날 준비한 반죽을 덜어서 하룻밤 냉장고에서 발효시킨 것이다. 발효종을 사용하면 반죽에 풍미가 생기고 1차 발효에 걸리는 시간이 짧아지기 때문에, 작업하기도 편하고 이스트도 적게 사용할 수 있다.

설탕은 아마미오섬의 사탕수수 설탕을 사용한다. 단, 사탕수수 설탕만 넣으면 향이나 맛이 강해지므로 상백당을 같은 비율로 섞는다. 소금은 호주의 데보라 호수산 호수소금(천일염)을 사용하는데, 한입 먹으면 짠맛이 느껴지지만 바로 사라진다. 또한, 몰트시럽을 사용하면 풍미와 색깔이 좋아지고 이스트의 활성화에도 도움이 된다.

믹싱은 단시간에 하는 것이 중요하며, 믹싱시간이 너무 길면 반죽의 산화가 진행되어 풍미가 줄어든다는 것이 사카타 셰프의 생각이다.

'사각식빵'의 믹싱시간은 9분으로 매우 짧은데, 처음에는 밀가루, 물, 몰트시럽을 믹서볼에 넣고 저속으로 2분 돌린다. 믹싱이 끝나기 직전에 이스트를 넣고 15분 그대로 둔 다음, 버터 이외의 나머지 재료를 넣고 저속으로 3분, 고속으로 1분 돌린다. 마지막으로 버터를 넣고 저속으로 2분, 고속으로 1분 돌리고, 반죽온도를 28℃로 맞춰서 반죽이 빨리 숙성되게 한다.

이렇게 오토리즈법으로 빵을 만들면 나머지 믹싱시간도 짧아지고 오븐 스프링도 잘 일어난다. 믹싱이 마무리되면 빵 트레이에 담아서 10분 동안 그대로 둔 다음 3절접기를 2번한다. 그런 후에 둥글리면 반죽에 탄력이 생기고 결이 고와진다.

1차 발효는 상온에서 60분 동안 한다. 예전에는 펀치를 1번 하고 총 90분 동안 1차 발효를 했지만, 제조시간을 단축시키기 위해 둥글리기에서 힘을 많이 주고 펀치는 하지 않는 방법으로 바꿨다.

220g으로 분할해서 2단몰더에 통과시킨 다음 휴지시키고, 다시 2단몰더에 통과시켜서 원통모양으로 만들어 틀에 넣는다. 2번 통과시키는 것은 효율적으로 가스를 고르게 빼서 결이 고운 빵을 만들기 위해서이다.

최종 발효는 70분이지만 반드시 반죽 상태를 잘 확인해야 한다. 즉, 반죽을 틀(내부 37㎝×12.5㎝×14㎝)에 70% 조금 넘게 넣은 다음, 탄력과 윤기가 생기고 오븐 스프링이 일어날 수 있는 힘과 달콤한 냄새(발효취)가 느껴질 때 굽기 시작해야 한다.

굽기는 40분. 스팀을 2번 넣어 굽는데, 이렇게 하면 속은 촉촉하고 껍질은 얇게 구울 수 있다.

고급 식빵

입안에서 부드럽게 녹는
모두가 사랑하는 맛의 식빵

•

5종류 정도의 식빵을 돌아가며 내놓는데, '고급식빵'은 매일 판매한다. 생크림과 꿀, 버터를 넣어 깊은 맛과 풍미, 촉촉한 시간이 있어 어린아이부터 나이 많은 어른들까지 모두가 사랑하는 식빵이다.

POINT

•

생크림과 꿀로 깊은 맛을 낸, 껍질까지 맛있는 빵.

•

샌드위치에 잘 어울린다.

•

그대로도 토스트로도 맛있게 먹을 수 있는 촉촉함이 있다.

생크림
사용
꿀 사용
묵은반죽

고급 식빵

>> RECIPE <<

배 합

●

강력분(카멜리아) 50%

강력분(요트) 50%

생이스트 2%(여름) · 2.2~2.5%(겨울)

소금 2%

상백당 5%

꿀 3%

생크림 5%

무염버터 5%

물 65%

묵은반죽 20%

(전날 분할한 반죽을 냉장해둔 것.)

과 정

●

밑준비

생이스트는 물을 조금 넣고 녹여둔다.

믹싱

저속 4분, 중속 6분, 고속 2분

↓ (무염버터, 묵은반죽)

중속 6분, 고속 2분

반죽온도 28℃

그대로 10분 동안 둔다.

1차 발효

상온에서 1시간

분할 · 둥글리기

210g

휴지

10분

성형

몰더 2번 통과

6덩어리가 들어가는 풀먼틀에 넣는다.

최종 발효

온도 32℃, 습도 70%에서 40~50분

굽기

뚜껑을 덮고 윗불 210℃, 아랫불 220℃에서 20분,

윗불을 200℃로 낮춰서 25분

믹서 · 오븐

●

믹서_ 버티컬 믹서, 브랜드 AICOH

오븐_ 전기오븐, 브랜드 EDOGAWA

‘고급식빵’은 오너 셰프 기무라 게이이치가 식빵 껍질을 싫어하는 사람들도 껍질까지 맛있게 먹을 수 있는 식빵을 목표로 만든 상품이다. 생크림과 꿀로 깊은 맛과 풍미를 살린 리치한 맛이 특징이다. 맛있는 식빵을 만드는 것은 매장에서 파는 맛있는 샌드위치를 위한 것이기도 한데, 샌드위치를 만들 때 버터나 치즈, 스프레드의 맛에 뒤지지 않는 맛있는 식빵을 만들고 싶었다고 한다.

또한 토스트로 먹든 그대로 먹든 맛있게 먹을 수 있는 촉촉하면서도 부드러운 식감을 위해, 배합을 잘 조절하여 입에서 살살 녹고 껍질까지 부드러운 식빵을 만든다.

밀가루는 특징이 비슷한 ‘카멜리아’와 ‘요트’ 2종류를 블렌딩하여 사용한다. 1종류의 밀가루를 사용하면 밀의 상태에 따라 차이가 생기기 쉽지만, 블렌딩하면 리스크가 적어져서 안정적으로 만들 수 있다.

카멜리아와 요트는 촉촉하고 부드러운 식감을 만들어내기 때문에, 일본사람들이 원하는 식빵에 어울리는 밀가루라는 것이 기무라 셰프의 생각이다. 맛과 향이 많이 강하지 않아서 다른 식재료의 맛을 살려주는 등 이상적인 맛과 식감을 만들 수 있고, 오븐 스프링도 잘 이루어지는 등 장점이 많아서 사용하게 되었다고 한다.

고급식빵의 매력 포인트인 촉촉한 식감과 진한 맛을 위해 빼놓을 수 없는 재료가 생크림과 꿀이다. 이 2가지를 더하면 맛이 좋아지는 것 외에도 좋은 점이 있는데, 꿀은 빵의 노화를 늦추고 생크림은 유화작용으로 반죽이 한 덩어리로 잘 뭉쳐지며 탄력이 좋아지게 만들어준다.

또한, 틀에 뚜껑을 덮고 밀폐 상태로 구운 식빵은 이스트 냄새가 남아 있기 쉬우므로, 이스트는 발효에 필요한 최소한의 분량만 배합한다. 단, 이스트를 적게 넣는 만큼 발효종 대신 전날 만든 반죽을 냉장해둔 묵은반죽을 사용한다. 묵은반죽은 발효를 도와주는 동시에 풍미를 좋게 해주는 효과도 있다.

만드는 과정 중에는 반죽에 부담을 주지 않는 것이 중요하다고 기무라 셰프는 말한다. 저속으로 4분, 중속으로 6분, 고속으로 2분 돌린 다음, 유지류를 넣고 다시 중속으로 6분, 고속으로 2분 돌린다. 이렇게 오랫동안 믹싱을 해서 반죽에 스트레스를 준 다음에는 10분 동안 휴지시키는데, 그러면 반죽이 한 덩어리로 뭉쳐져서 오븐 스프링도 잘 일어나고 결이 곱고 부드러운 식빵을 만들 수 있다.

믹싱 후에는 1시간 동안 1차 발효를 하고 분할을 시작한다. 식빵은 다른 빵에 비해 한꺼번에 많은 양을 만들기 때문에 분할할 때도 시간이 많이 필요한데, 분할하는 동안 발효가 많이 진행되지 않도록 발효시간을 1시간으로 정한 것이다. 이것은 묵은반죽을 넣으면 발효 속도가 빨라진다는 점도 고려한 것이다. 분할한 다음에는 입에서 녹는 듯한 식감을 만드는 데 방해가 되는 덧가루를 최소한으로 적게 사용해서 둥글린 다음, 10분 동안 휴지시킨다. 몰더에 2번 통과시킨 다음 성형을 하는데, 몰더를 사용하는 이유는 손으로 성형하는 것보다 기포가 골고루 곱게 만들어져서 식감이 좋아지기 때문이다.

부푼 정도와 탄력을 보고 최종 발효상태를 확인한 다음 굽기 시작한다. 당분이 많은 식빵은 타기 쉬운데 타면 바게트처럼 고소한 맛이 아니라 쓴맛이 생기므로 지나치게 노릇노릇해지지 않도록 조절해야 한다. 20분 후에 반죽이 뚜껑 가까이까지 부풀면 윗불 온도를 내린다. 너무 많이 구우면 껍질이 두꺼워지고 반대로 너무 덜 구우면 입 안에서 녹는 듯한 식감이 생기지 않기 때문에, 굽는 온도와 시간을 조절하는 것이 매우 어려운 일이라고 기무라 셰프는 설명한다.

시라카미 생크림식빵

은은한 생크림 향과
쫄깃한 식감이 인상적인 식빵

•

스트레이트법으로 만든 생크림식빵. 묵은반죽을 넣어 깊은 맛을 내고, 시라카미코
다마 효모를 사용하여 일본산 밀의 자연스러운 단맛을 살렸다. 구우면 손으로 눌
렀을 때 다시 위로 올라올 정도의 탄력으로 쫄깃한 식감을 즐길 수 있다.

POINT

•

일본산 밀과 시라카미코다마 효모를 사용한다.

•

밀의 풍미와 쫄깃함을 살린 식빵.

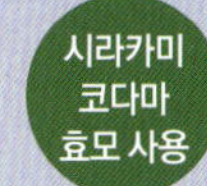
시라카미
코다마
효모 사용

생크림
사용

시라카미 생크림식빵

>> RECIPE <<

배합

●

민가루(닝구루) **90%**

프랑스빵용 밀가루(TYPE ER) **10%**

시라카미코다마 효모 **2.6%**

묵은반죽* **15%**

해양심층수염 **2%**

하나미토 **4%**

생크림(유지방 40%) **6%**

달걀 **5%**

무염버터 **2%**

효모용 물 **2.6%**

물 **48%**

* 묵은반죽은 전날 준비한 반죽을 말한다. 1시간 40분 상온에서 발효시킨 다음, 펀치 전에 다음날 사용할 분량만 박스 또는 비닐팩에 넣어 5℃ 냉장고에서 15시간 둔다.

믹서 · 오븐

●

믹서_ 버티컬 믹서, 브랜드 KANTO

오븐_ 전기오븐, 브랜드 KYUDENSHA

과정

●

본반죽

믹싱

속도1 3분, 속도2 2분

↓　(묵은반죽, 무염버터)

속도2 6분, 속도3 2~3분

반죽온도 28℃

둥글리기

작업대에 5분 정도 둔 다음 누르면서 접는다.

1차 발효

온도 28℃, 습도 75%에서 100분

휴지

펀치 후 상온에서 20분

분할 · 둥글리기

230g

휴지

20분

성형

몰더 1번 통과

6덩어리가 들어가는 풀먼틀에 넣는다.

최종 발효

온도 32℃, 습도 75%에서 50분

굽기

뚜껑을 덮고 윗불 190℃, 아랫불 170℃에서 34분

'시라카미 생크림식빵'은 밀의 풍미가 풍부하고 탄력 있는 식빵으로 만들고 싶었다는 <루앙 몽타뉴>의 도야마 히로시 셰프. 손으로 힘있게 누르면 원래대로 돌아올 정도로 탄력이 강하며, 토스트하면 촉촉하게 구워진다. 이렇게 만들기 위해서 선택한 밀가루는 요코야마제분의 '닝구루'와 에베쓰제분의 'TYPE ER'로 모두 홋카이도산 밀가루이다.

<루앙 몽타뉴>에서는 시라카미 생크림식빵 이외의 빵에도 일본산 밀을 많이 사용하는데, 일반적으로 일본산 밀은 전분을 많이 함유하고 있다. 전분이 많다는 것은 식감이 쫄깃하고 아미노산을 많이 함유하고 있어 감칠맛이 좋다는 의미이다. 이러한 일본산 밀의 특성을 살리기 위해 <루앙 몽타뉴>에서는 풍부한 향과 은은한 단맛이 있는 시라카미코다마 효모를 사용한다.

믹싱을 시작하기 전에 먼저 밑준비를 한다. 체친 밀가루, 해양심층수염, 하나미토, 생크림, 달걀을 믹서볼에 넣는다. 36℃로 따뜻하게 데운 효모용 물에 시라카미코다마 효모를 손으로 풀어서 넣고 1~2분 그대로 둔 다음 거품기로 섞는다. 이것을 믹서볼에 붓고 물을 넣어 믹싱을 시작한다.

믹싱을 시작하고 처음 1분은 제조과정에서 중요한 포인트이다. 이때 배합이 달라지거나 이물질이 들어간 것을 발견해도, 완성도에 크게 영향을 주지 않고 대처할 수 있다. 믹서를 돌리기 시작하면 재료 중에 잊은 것이 없는지 꼼꼼하게 확인하고, 물과 밀가루가 섞이면 손으로 만져서 반죽의 단단한 정도를 확인한다. 속도1로 3분, 속도2로 2분 돌린 다음 묵은 반죽과 무염버터를 넣는다. 트레할로스와 아미노산이 많이 함유된 묵은반죽을 넣으면 깊은 맛이 생기고 발효에도 도움이 된다. 속도2로 6분 돌린 다음, 반죽이 잘 늘어나도록 다시 속도3으로 2~3분 상태를 보면서 돌린다. 믹싱이 끝나면 작업대에 올려놓고 5분 정도 휴지시키고, 가볍게 주먹을 쥐고 빵을 누르다가 힘을 줘서 천천히 접는다. 이렇게 누르면서 둥글리면 가스 보충이 잘 되고, 반죽도 안정된다.

100분에 걸친 1차 발효 작업 중에는 발효상태를 눈과 손으로 확인한다. 그리고 1차 발효가 끝난 다음 펀치를 하기 전에도 다시 한 번 반죽 상태를 확인한다. 여기서 반죽 상태를 잘못 판단하면 최상의 빵을 기대할 수 없다. 숙성이 덜 되었으면 반죽을 다시 발효기에 넣고, 실내에 둘 경우에는 실내온도를 올리는 방법 등으로 조절한다.

손가락 3개로 반죽을 집었을 때 손가락 사이로 가스가 빠져 나오면 가스가 충분한 것이므로 분할한다. 230g으로 분할해서 둥글린 다음, 약 20분 휴지시키고 몰더에 넣어 성형한다. 최종 발효를 80% 한 다음, 윗불보다 아랫불을 낮게 설정해서 34분 동안 굽는다.

구웠을 때 시라카미코다마 효모의 특징인 달콤한 향이 나면 발효가 잘 되었다는 것을 알 수 있다. 만약 효모 냄새(효모취)가 강하게 나면 전체적으로 발효가 덜 된 상태에서 진행한 것이다.

원인은 반죽온도가 낮았거나 발효시간이 짧았기 때문이다. 그런 경우에는 반죽온도가 1℃ 또는 2℃ 정도 높아지도록 실내온도를 조절하거나, 발효시간을 길게 늘리면 된다.

사각 식빵

안심하고 매일 먹을 수 있도록
'지극히 평범한 맛'에 특별함을 담았다

•

흔히 사용하는 밀가루로 만들어서 매일 먹어도 질리지 않는 심플한 식빵. 이스트의 양을 줄이고 장시간 발효시킨 반죽으로 만들었기 때문에 풍미가 좋다. 고운 결을 만들고 탄력을 높이는 방법 등 보이지 않는 비법들이 숨어 있는 빵이다.

POINT

•

담백해서 매일 먹어도 질리지 않는다.

•

6면의 껍질이 지켜주는 부드럽고 탄력 있는 속.

스가모토스트

정통 제빵법을 지키면서 맛도 향상시켜
인기를 유지하는 식빵

•

매장이 위치한 '스가모[巣鴨]' 지방의 이름을 딴 식빵으로, 오래 전부터 정통 제빵법으로 만들어 왔으며 지금까지도 인기가 많은 제품이다. 기본 제빵법을 철저히 지키면서, 한편으로는 새롭게 액종을 넣는 등 맛을 향상시키기 위해 노력하고 있다.

POINT

•

토스트나 샌드위치에도 어울리는 정통적인 맛.

•

액종을 넣어 빵 고유의 발효풍미와 향을 살린다.

큐브
식빵틀

묵은반죽

몰트
엑기스

사각 식빵

>> RECIPE <<

배 합

•

강력분(슈퍼 카멜리아) 60%

강력분(카멜리아) 40%

생이스트 1.8%

소금(시마마스) 1.8%

그래뉴당 4%

탈지분유 3%

몰트 엑기스 0.5%

쇼트닝 5%

무염버터 5%

물 68%

묵은반죽* 10%

*묵은반죽(Pâte fermentée)은 전날 만든 프랑스빵 반죽을
사용해도 좋다.

믹서 · 오븐

•

믹서_ 버티컬 믹서

오븐_ 전기오븐

과 정

•

믹싱

저속 3분, 중속 3분, 고속 2분

↓ (묵은반죽, 무염버터, 쇼트닝)

저속 3분, 중속 3분, 고속 2분

반죽온도 24℃

1차 발효

온도 30℃, 습도 75%에서 60분

가볍게 펀치 후 40분

분할

235g

휴지

30분

성형

밀대로 밀어서 말고 5분 동안 그대로 둔다.

방향을 바꾼 다음 다시 밀대로 밀어서 만다.

양끝을 안쪽으로 모으는 요령으로 둥글게 만든다.

2덩어리가 들어가는 풀먼틀에 넣는다.

최종 발효

온도 30℃, 습도 75%에서 70분

굽기

뚜껑을 덮고 윗불 210℃, 아랫불 200℃에서 43~45분

'맛있고 믿을 수 있는 빵을 만드는 것이 가장 기본적인 조건이라고 생각한다'고 말하는 스기야마 히로하루 셰프.

창업지망생부터 일반인까지 폭넓은 고객을 대상으로 제빵교실도 운영하고 있는 스기야마 셰프는 빵이 완성되는 메커니즘을 이해하고, 구하기 쉬운 재료를 사용하여 원하는 빵을 만들기 위해 노력하고 있다. 특히 매일 식탁에 오르는 식빵을 질리지 않는 맛과 합리적인 가격으로 제공하려고, 재료의 원가가 상품가격에 영향을 주지 않는 구하기 쉬운 재료를 선택한다.

빵 만들 때 가장 중요한 밀가루는 '슈퍼 카멜리아'와 '카멜리아'를 6:4로 배합해서 사용하는데, 작업하기 쉽고 원하는 빵을 만들기 위해 산출해낸 비율이다.

소금은 오키나와산 '시마마스'를 사용하는데, 빵 반죽에 넣었을 때 끈적거리지 않고 맛있는 소금 중에서 가격이 합리적이며 구하기 쉽기 때문이다. 다양한 방법으로 먹을 수 있는 심플한 식빵을 맛있는 소금으로 만들어야 하는 이유는 주먹밥에 맛있는 소금을 사용하는 것과 같다. 생이스트의 배합은 1.8%로 조금 넣는 만큼 발효시간을 길게 잡는다. 스기야마 셰프는 숙성에 의한 향과 맛은 사람의 힘으로 만들 수 없는 발효의 부산물이며, 이스트가 만드는 강한 향과는 다르다고 설명한다. 장시간 발효시키면 분할과 성형에 융통성이 생기는 것도 장점이다.

빵 종류에 맞게 드라이이스트나 천연효모 등을 구분하여 사용하는데, 식빵에 생이스트를 사용하는 이유는 보습효과가 있기 때문이다. 또한 맥아당의 작용으로 발효를 촉진시키는 동시에 노릇노릇 먹음직스러운 색깔로 굽기 위해 몰트 엑기스를 사용한다.

마지막으로 물은 약한 연수를 사용하여 부드럽게 완성한다.

묵은반죽은 감칠맛을 내는 '조미료'로, 믹싱 외에 반죽이 잘 뭉쳐지게 만드는 요소로도 활용한다. 전날 프랑스빵을 만들고 남은 반죽을 사용하면 효율적이다.

믹싱은 섞는 역할뿐 아니라 처음에는 글루텐을 형성하고 나중에는 그 글루텐 막에 유지류를 바르는 작업이라고 할 수 있다. 처음부터 유지류를 함께 넣으면 글루텐이 충분히 만들어지지 않는다. 스기야마 셰프는 버터와 같은 양의 쇼트닝을 함께 사용하는데, 신전성이 뛰어난 쇼트닝은 글루텐 막에 골고루 붙어서 반죽의 팽창을 돕는다. 쇼트닝의 안전성이 염려된다면 수소를 첨가하지 않은 100% 식물성 제품을 선택한다.

발효시킨 반죽은 빵 트레이에 올려놓고 스크레이퍼와 가위로 반죽에 부담이 덜 가게 분할한다.

성형에서 스기야마 셰프가 추천하는 방법은 다음과 같다. 밀대로 민 반죽을 돌돌 말아서 5분 휴지시킨 다음, 방향을 바꾸어 다시 밀대로 밀어서 만다. 가장자리를 가운데로 모으듯이 둥글게 구부려서 틀에 넣는다. 이런 작은 수고가 탄력 있고 결이 고운 속을 만들어준다. 손으로 반죽할 때 손바닥이나 밀대로 펴서 둥글게 말거나 접는 방법은 반죽 전체에 힘이 골고루 가해지는 것이 장점이다.

구울 때는 열이 부드럽게 전달되는 전기오븐으로 굽는데, 큐브형 풀먼틀로 구우면 식빵의 6면 전체에 껍질이 생기고 속은 촉촉한 식감으로 완성된다. 원하는 두께로 잘라 즐길 수 있도록 슬라이스하지 않은 상태로 제공한다.

스가모토스트

정통 제빵법을 지키면서 맛도 향상시켜
인기를 유지하는 식빵

•

매장이 위치한 '스가모[巣鴨]' 지방의 이름을 딴 식빵으로, 오래 전부터 정통 제빵
법으로 만들어 왔으며 지금까지도 인기가 많은 제품이다. 기본 제빵법을 철저히 지
키면서, 한편으로는 새롭게 액종을 넣는 등 맛을 향상시키기 위해 노력하고 있다.

POINT

•

토스트나 샌드위치에도 어울리는 정통적인 맛.

•

액종을 넣어 빵 고유의 발효풍미와 향을 살린다.

액종 사용

스가모토스트

>> RECIPE <<

배합

•

강력분(카멜리아) **50%**

프랑스빵용 밀가루(리스도르) **50%**

US 이스트 **2.2%**

크렘 드 르뱅 **7%**

반죽 계량제(BBJ) **0.1%**

소금(시마마스) **2.1%**

그래뉴당 **6%**

전지분유 **3%**

무염버터 **6%**

우유 **20%**

물 **45%**

과정

•

믹싱

저속 **2분 30초**, 중속 **5분**

↓ (무염버터)

중속 **6~8분**

반죽온도 **26℃**

1차 발효

온도 **27℃**, 습도 **75%**에서 **1시간**

펀치 후 **30분**

분할 · 둥글리기

220g

휴지

20분

성형

몰더 **2번** 통과

6덩어리가 들어가는 풀먼틀에 넣는다.

최종 발효

온도 **36℃**, 습도 **80%**에서 **50분**

굽기

뚜껑을 덮고 윗불 **225℃**, 아랫불 **240℃**에서 **40분**

믹서 · 오븐

•

믹서_ 스파이럴 믹서, 브랜드 KANTO

오븐_ 전기오븐, 브랜드 TOKYO KOTOBUKI INDUSTRY

오너 셰프 쓰치야 마사히로는 식빵에 대해 '초밥집에서 밥이 중요하듯이 식빵은 베이커리에서 기본이 되는 중요한 상품'이라고 말한다.

<불랑주리 토스트>에서 사용하는 제빵법은 수많은 베이커리에서도 사용하고 있다. 또한, 대충 만들지 않는다는 원칙을 철저히 지키고 있다. 그렇게 만들면 레시피 이상의 제품이 나온다는 것이 쓰치야 셰프의 생각이다.

정통 제빵법으로 식빵을 만드는 것은 매장에서 직접 만드는 샌드위치에도 이 식빵을 사용하기 위해서이다. 개성이 강한 빵보다 '기본적인 맛'이 좋다는 생각에서 15년 전부터 같은 방법으로 만들고 있다.

쓰치야 셰프가 생각하는 식빵은 입에서 사르르 녹고, 알맞게 쫄깃하며, 탄력 있는 식빵이다. 또한 토스트했을 때 바삭한 식빵이기도 하다.

밀가루는 강력분인 '카멜리아'와 프랑스빵용 준강력분 '리스도르'를 50%씩 블렌딩한다. 힘이 강한(글루텐이 많이 함유된) 강력분에 프랑스빵용 밀가루를 섞어 탄력이 강하면서도 바삭한 식감을 즐길 수 있는 빵을 만든다.

유제품으로 탈지분유를 사용하는 매장이 많은데 <불랑주리 토스트>에서는 전지분유를 고집한다. 탈지분유보다 가격은 비싸지만 깊은 맛이 있어서 빵맛이 더욱 좋아진다. 또한 반죽의 팽창력과 안정성이 좋아지고 빵에 볼륨감이 생긴다.

쓰치야 셰프가 고집하는 또 하나의 재료는 '액종'이다. 액종은 전부터 관심을 갖고 있었지만 작업성과 작업 공간의 문제로 사용할 수 없었다. 그런데 손쉽게 사용할 수 있는 오리엔탈효모공업의 '크렘 드 르뱅(Crème de levain)'을 소개받고, 1년 전부터 사용하고 있다.

'액종은 빵 고유의 발효풍미와 향을 내는 데 도움이 된다'는 것이 쓰치야 셰프의 설명이다. 입에서 살살 녹고 부드러운 식감으로 완성되기 때문에 식빵의 맛을 향상시키는 데 큰 도움이 된다.

식빵을 만들 때는 정통 스트레이트법으로 만드는데, 여기에는 몇 가지 포인트가 있다. 믹싱에는 스파이럴 믹서를 사용하는데 식빵과 프랑스빵 반죽을 만들 때 사용하며, 단시간에 반죽을 제대로 만들 수 있다는 것이 장점이다. 버티컬 믹서는 믹싱에 따라 반죽온도가 쉽게 올라가지만, 스파이럴 믹서는 온도상승이 억제되어 온도관리가 쉬운 것이 장점이다.

또한 중간에 펀치를 하거나 몰더에 2번 통과시켜서 반죽에 볼륨감을 더하고, 매끄러운 반죽으로 완성하는 것도 중요한 포인트이다.

이 빵을 만들 때는 반죽온도와 최종 발효할 때의 온도관리를 가장 신경 써야 한다고 쓰치야 셰프는 말한다.

온도가 너무 올라가면 빵의 풍미가 떨어지고, 입에서 녹는 듯한 식감에도 영향을 주기 때문이다. 이 식빵의 경우에는 스트레이트법으로 만드는데, 스트레이트법으로 만들면 빵의 노화는 빠르지만 그만큼 갓 구워냈을 때 맛이 좋다는 것이 장점이다. 갓 구운 빵의 풍미를 놓치지 않기 위해서는 온도관리가 매우 중요하다.

이 식빵은 매장에서 샌드위치를 만들 때에도 사용하는데, 빵을 맛있게 먹을 수 있게 토스트한 다음 여러 가지 재료를 빵 사이에 넣는다. 어떤 재료와도 잘 어울리는 정통 식빵이기 때문에 다양하게 이용할 수 있다.

식 빵

밀의 단맛과 쫄깃함이 매력적인
하루에 70개가 팔리는 인기 NO.1

•

쫄깃하고 촉촉한 식감으로 폭넓은 고객층의 지지를 받고 있는 '식빵'은 다양한 식빵 중에서도 가장 인기 있는 상품이다. 빵의 수요가 늘이니는 겨울철에는 하루에 70개가 팔릴 정도이다. 비에이산 밀을 사용하는 것이 특징이다.

POINT

•

천연발효종을 사용하면
안정성이 높아지고, 쫄깃함도 살아난다.

천연발효종
일본산 밀

식빵

>> RECIPE <<

배합

●

강력분 (고무기 / 100% 비에이산으로 시성) **100%**

인스턴트드라이이스트 **0.6%**

세미드라이이스트 **0.4%**

소금 (천일염) **2.1%**

그래뉴당 **4%**

탈지분유 **2%**

꿀 **5%**

쇼트닝 **5%**

물 **63%**

천연발효종* **10%**

*전날 만든 원종 100%에 대해 프랑스빵용 밀가루(TYPE ER) 200%, 물 250%, 몰트 0.2%를 넣고 30℃에서 4시간 발효시킨 것. 발효기로 온도를 조절한다(원종은 호밀에 물을 넣고 배양한 것).

과정

●

밑준비

밀가루, 설탕, 소금을 섞어서 **30초** 동안 믹싱한다. 인스턴트드라이이스트는 찬물을 넣어 섞는다.

믹싱

저속 **2분**, 중속 **5분**

↓ (쇼트닝)

저속 **2분**, 중속 **5분**

반죽온도 **27℃**

1차 발효

상온에서 **80분**

분할 · 둥글리기

210g

휴지

30분

성형

몰더 2번 통과

6덩어리가 들어가는 풀먼틀에 가장자리부터 넣는다.

최종 발효

온도 **32℃**, 습도 **75%**에서 **50분**

굽기

뚜껑을 덮고 윗불 **210℃**, 아랫불 **210℃**에서 **35분**

믹서 · 오븐

●

믹서_ 버티컬 믹서, 브랜드 AICOH

오븐_ 용암가마, 브랜드 KUSHIZAWA

<팽 드 나노슈>의 '식빵'은 쫄깃하고 촉촉한 식감을 목표로 만든 빵이다.

'식빵이 맛이 없으면 언젠가는 손님들이 등을 돌린다. 그만큼 매우 중요한 빵이다.'라고 말할 정도로 오너 셰프 세키야가 공을 들이는 상품이기도 하다.

먼저 이 식빵의 포인트는 천연발효종이다. 발효종은 전날 만든 원종에 100% 홋카이도산 밀로 만든 'TYPE ER'과 물, 몰트를 넣고 섞은 다음, 발효기에 넣고 30℃에서 4시간 동안 발효시켜서 만든다. 이 발효종을 넣으면 빵이 쫄깃해지고 이스트의 활동에도 도움이 된다. 또한 반죽의 pH가 3~3.5가 되어 곰팡이가 살 수 없는 상태가 되므로 오래 보관할 수 있다.

밀가루는 예전에는 수입품을 사용하였는데, 2007년 10월 매장 리뉴얼을 계기로 사용하는 밀가루를 모두 100% 일본산 밀가루로 교체하였다. 이유는 안전성을 고려하고, 예전부터 일본산 밀을 원하는 손님들이 많았기 때문이다. 지금까지 제빵에 적당하지 않다고 알려졌던 일본산 밀이 최근에는 품질이 향상되어 제빵용으로도 충분히 사용할 수 있게 된 것도 바꾼 이유 중 하나이다.

<팽 드 나노슈>에서 선택한 밀가루는 100% 홋카이도산 밀로 만든 '고무기[香麥]'이다. 보통은 품질의 안정성을 유지하기 위해 몇 종류의 밀가루를 블렌딩하여 사용하지만, 세키야 셰프는 홋카이도 비에이[美瑛] 지역 농협과의 인연으로 비에이산을 지정하였다. 고무기는 밀가루 자체에 단맛이 있고 쫄깃한 빵을 만들 수 있는 것이 특징이다. 일본산 중에서도 흡수성이 높고 오븐 스프링이 잘 일어나는 밀가루로, 지금까지 사용한 수입산 밀과 비슷하고 사용하기 편해서 선택하게 되었다고 한다.

이스트는 안정성을 높이기 위해 인스턴트드라이이스트와 세미드라이이스트를 함께 사용한다. 2가지 모두 포장을 개봉해도 발효력이 줄어들지 않고, 상태가 변하지 않아서 선택하였다. 원래는 세미드라이이스트 대신 생이스트를 사용하였는데, 세미드라이이스트가 보존성이 좋고 생이스트의 40% 정도만 배합하면 되기 때문에 바꾸었다고 한다.

그 밖에 소금은 쌉쌀한 맛이 적은 천일염을 사용하고, 설탕은 수입산 밀가루를 사용할 때는 상백당을 사용했지만 고무기는 자체에도 단맛이 있어서 단맛이 너무 깅하지 않은 그래뉴당으로 비꼈다. 또한 설탕의 양을 줄이고 대신 꿀을 넣어서 촉촉한 느낌이 더해지고, 향과 색깔이 좋아지는 효과를 보았다. 식빵은 매일 먹는 빵이므로 질리지 않도록 유지류는 아무런 맛이 나지 않는 쇼트닝을 선택하였다.

재료 선택뿐 아니라 제빵과정에서도 쫄깃하고 결이 고운 빵을 만드는 것에 중점을 두었다. 믹싱은 쫄깃함을 살리기 위해 반죽을 많이 치대지 않고 비교적 단시간에 한다. 또한 반죽온도가 27℃보다 높으면 반죽의 결이 거칠어지므로 온도가 올라가지 않도록 주의한다. 믹싱이 끝난 다음에는 충격을 최소화하고, 믹싱으로 스트레스를 받은 반죽을 80분 동안 그대로 둔다.

분할 후에는 30분 휴지시킨 다음, 반죽이 한 덩어리가 되고 눌렀을 때 가운데에 심이 없으면 성형을 시작한다. 성형은 제빵용 몰더에 2번 통과시키는데, 몰더를 사용하면 결이 곱고 깔끔하게 완성된다.

최종 발효는 50분이 기준인데 오븐 스프링이 일어날 때 뚜껑 근처까지 부풀어서 보기 좋게 하얀 줄이 생기도록, 틀의 윗면에 손가락 2개가 들어갈 높이까지 올라왔는지 직접 확인한다. 고온에서 35분 동안 구워서 수분을 날리지 않고 촉촉하게 완성한다.

이방브레드

하드계열 식빵을 좋아하는 분들에게 사랑받는
중독성 있는 맛과 향

•

회분이 많은 밀가루를 사용하여 특유의 밀기울 향이 있는 식빵. 이것이 하드계열
빵을 좋아하는 사람들의 마음을 사로잡은 비결이다. 회분이 많은 밀가루로 풀리시
종을 만들고 하룻밤 발효시켜서 밀기울의 '냄새'를 '향'으로 바꾸었다.

POINT

•

미네랄이 풍부한 회분이 많은 강력분을 사용한다.

•

특유의 맛과 향, 특히 하드계열의 빵을 좋아하는 사람들이 좋아하는 식빵.

풀리시법
회분이
많은
강력분
장시간 발효

이방브레드

>> RECIPE <<

배합

풀리시종
프랑스빵용 밀가루(레장데르) 40%
인스턴트드라이이스트 0.1%
이스트 0.1%
물 40%

본반죽
밀가루(셍크 드 오텔) 40%
강력분(스리굿) 20%
인스턴트드라이이스트 0.6%
소금 2%
설탕 5%
탈지분유 2%
달걀 6%
가염버터 5%
물 21%

믹서 · 오븐

믹서_ 버티컬 믹서(스파이럴 후크), 브랜드 SK믹서
오븐_ 돌가마 오븐, 브랜드 TSUJI

과정

풀리시종
믹싱 저속 1분~1분30초
냉장 발효
7℃ 저온 냉장고에 하룻밤 넣어둔다.
바로 냉장고에 넣으면 효모의 활동이 둔해지므로,
1~2시간 상온에 둔 다음 냉장고로 옮긴다.

본반죽
믹싱
저속 4분, 중속 4분
↓ (가염버터)
저속 4분, 중속 5~6분
반죽온도 27℃

1차 발효
온도 30℃, 습도 70%에서 90분
펀치 후 30분

분할 · 둥글리기 230g

휴지 25분

성형
막대모양으로 둥글리기

휴지 25분

성형
롤모양으로 둥글려서
6덩어리가 들어가는 풀먼틀에 넣는다.

최종 발효
온도 30℃, 습도 70%에서 100~110분

굽기
뚜껑을 덮고 윗불 210~220℃, 아랫불 280℃에서 40분

'이방브레드'는 매니아층이나 하드계열의 빵을 좋아하는 사람들에게도 인기가 많은 사각식빵이다.

이 빵의 특징은 미네랄이 풍부한 회분이 많이 함유된 밀가루를 사용하는 것이다. 그로 인해 생기는 특유의 밀기울 향이 매력이지만, 동시에 이것을 꺼리는 사람도 있다. 확실히 플레인 타입의 식빵에 비해 향이 진하고, 2~3일 지나면 밀기울 향이 더 진해진다. 또한 맛이 떨어지는 속도도 빨라서 선선한 계절에만 만들고 있다.

회분이 많은 밀가루를 사용할 경우, 스트레이트법으로 만드는 방법과 장시간 발효시켜서 밀기울 향을 날리고 조화를 이루게 만드는 방법 등이 있는데, 스트레이트법으로 만들면 밀기울 향이 많이 나기 때문에 <므슈 이방>에서는 풀리시법으로 만든다.

풀리시종의 베이스는 것은 회분이 많이 함유된 닛신제분의 '레장데르' 밀가루이다. 물도 밀가루와 같은 비율로 40% 넣는다. 여기에 인스턴트드라이이스트를 넣어 섞은 다음 7℃ 저온 냉장고에 하룻밤 넣어둔다. 바로 냉장고에 넣으면 효모의 움직임이 둔해지므로, 1~2시간 상온에 둔 다음 냉장고로 옮긴다.

하룻밤 지나서 밀가루 맛이 완전히 조화를 이루면 풀리시종을 사용하여 본반죽을 시작한다. 이때 사용하는 밀가루는 호시노물산의 수입 밀가루인 '셍크 드 오텔'로, 맛이 질리지 않고 다루기 쉬우며 가격도 적당하다. 여기에 풀리시종과 그 밖의 재료를 넣고 믹싱을 한 다음 120분 동안 1차 발효를 한다.

'빵은 1차 발효에서 결정된다'고 오구라 셰프는 말한다. 그렇기 때문에 여기서 빼놓을 수 없는 것이 발효기인데, 매장에서는 쓰지기(tsuji)기계의 '도우컨디셔너(Dough conditioner)'를 사용한다. 이 발효기는 모든 온도대에서 오차가 적고 다루기 쉽다.

1차 발효시간이 90분 지나면 펀치를 1번 하고, 남은 30분 동안 반죽을 다시 그대로 둔 다음 분할과 둥글리기를 한다. 25분 동안 휴지시켜서 반죽이 부드러워지면 밀대로 성형을 하는데, 제빵용 몰더를 사용하면 반죽에 필요 이상의 탄력이 생기므로 몰더는 사용하지 않는다. 다시 25분 휴지시키면 반죽이 부드러워지므로, 이번에는 밀대를 사용하여 롤모양으로 둥글게 만들어서 6덩어리가 들어가는 풀먼틀에 넣는다. 롤모양으로 만들면 가스가 빠져서 매끄러운 반죽이 된다. 최종 발효가 90% 이루어지면 세라믹 틀이 있는 돌가마 오븐에 넣고 굽는다.

이 반죽은 퍼지기 쉬우므로 p.12에서 소개한 '므슈브레드'와 같은 방법으로 2단계로 나눠서 성형을 한다.

구울 때 주의할 점은 아랫불의 온도조절인데, 빵의 위와 아랫부분은 잘 구워지는 반면 옆면에는 열이 잘 전달되지 않기 때문이다. 틀에 넣어 굽는 빵은 아랫불로 옆면까지 잘 구워야 감칠맛이 생기고 맛과 향이 좋아진다. 토스트한 빵과 샌드위치빵을 먹어보면 그 차이가 확연하다. 그래서 틀에 넣어 굽는 빵을 만들 때 오구라 셰프가 가장 신경 쓰는 것이 온도조절이다. 현재는 윗불 220℃, 아랫불 280℃를 기준으로 작업한다.

구울 때 사용하는 오븐은 도우컨디셔너와 같은 브랜드인 쓰지기계의 '히라가마오[平窯王]'이다. 보온성이 좋고 직화로 구울 때는 물론 틀에 넣어 구울 때도 다양하게 이용할 수 있어 즐겨 사용한다.

옆면까지 충분히 구운 '이방브레드'는 풀리시종을 넣었기 때문에 회분 특유의 향이 살아 있다.

식빵

재료의 단맛과 감칠맛을 잘 살려서
깊은 맛이 있는 식빵으로 완성

•

질리지 않고 매일 먹을 수 있는 식빵을 만들기 위해 중점을 둔 것이 단맛과 감칠맛
이다. 삼온당, 버터, 라드 등 밀가루 이외의 새료로 단맛과 감칠맛을 낸 것이 특징
이며, 쫄깃한 식감으로도 인기가 많은 제품이다.

POINT

•

질리지 않는 '단맛'을 추구한다.

•

쫄깃한 식감으로 완성한다.

스트레이트법

식빵

배합

●

강력분(가멜리이) 100%

생이스트 2.5%

품질 개량제(퓨어 내추럴 아오이) 0.1%

소금(시마마스) 2%

삼온당 7%

탈지분유 4%

무염버터 3%

라드 1%

물 72%

과정

●

믹싱

저속 8분, 고속 4분

↓ (무염버터, 라드)

저속 4분, 고속 3분

반죽온도 27℃

1차 발효

온도 27℃, 습도 78%에서 70분

분할·둥글리기

250g

휴지

25분

성형

몰더 2번 통과

5덩어리가 들어가는 풀먼틀에 넣는다.

최종 발효

온도 36℃, 습도 75%에서 1시간

굽기

뚜껑을 덮고 윗불 220℃, 아랫불 220℃에서 40분

믹서·오븐

●

믹서_ 스파이럴 믹서, 브랜드 KANTO

오븐_ 전기오븐, 브랜드 TOKYO KOTOBUKI INDUSTRY

식빵은 매일 아침 먹기 때문에, 매일 질리지 않고 먹을 수 있는 '질리지 않는 단맛'을 만들기 위해 노력했다는 것이 오너 셰프 고다마 게이스케의 설명이다. 식빵을 만들 때 가장 중요하게 생각하는 것은 '단맛'이다. 느끼하지 않고 뒷맛이 남지 않는 단맛을 내기 위해 삼온당을 선택하였고, 설탕뿐 아니라 밀가루의 단맛까지 고려하여 삼온당의 배합은 '7%'로 결정하였다. 그보다 많아도 안 되고 적어도 안 된다.

또 한 가지 중요한 것은 '감칠맛'이다. 밀가루의 감칠맛을 살리는 베이커리는 많지만, 고다마 셰프는 밀가루보다 설탕이나 유지류로 감칠맛을 내서 독특한 맛을 만들었다.

설탕은 깊은 맛이 있는 삼온당을 사용하고, 유지류는 버터뿐 아니라 라드도 사용한다. 라드는 깊은 맛과 감칠맛을 내고 산뜻한 단맛도 있다. 처음에는 라드를 3% 넣었지만 버터까지 넣으면 느끼해지기 때문에 1%로 줄였다.

효모는 생이스트를 사용하는데, 드라이이스트에는 없는 좋은 향을 살리기 위해서이다. 또한 품질 개량제로 오리엔탈효모공업의 '퓨어 내추럴 아오이'를 0.1% 넣는다. 퓨어 내추럴 아오이는 천연재료로 만든 품질 개량제로, 이것을 넣으면 다음날에도 빵이 퍼석거리지 않고 촉촉해서 맛있게 먹을 수 있다.

반죽을 믹싱할 때는 스파이럴 믹서를 사용한다. 스파이럴 믹서를 사용해야 잘 늘어나는 반죽이 된다는 것이 고다마 셰프의 말이다. 수분의 양은 72%로 조금 많은데, 반죽이 부드러워야 재료의 단맛을 잘 살릴 수 있기 때문이다.

반죽을 준비할 때 중요한 것은 유지류를 넣기 전에 하는 믹싱으로, 여기서 80% 정도 반죽을 완성한 다음 유지류를 넣어야 촉촉하고 쫄깃한 식감을 만들 수 있다. 반죽을 잡아당겨서 끊어지는 느낌을 잘 기억해두었다가 눈으로 직접 확인한 다음 유지류를 넣는다.

그리고 또 한 가지 중요한 것이 1차 발효상태의 판단이다. 믹싱이 끝난 다음 온도 27℃, 습도 78%의 발효기에 넣어 70분을 기준으로 1차 발효를 하는데, 이 때 빵의 완성도가 80% 정도 결정되므로 발효상태를 잘 판단해야 한다. 이 단계에서 발효가 잘 되면 실패할 일이 거의 없다. 만약 발효가 약하다면 휴지를 길게 히는 등 조절이 필요하다.

또한, 밀가루의 품질 체크하는 일을 빠뜨리지 않는다. '수확시기에 따라 밀가루의 품질이 조금씩 달라지기 때문에, 밀가루 포장에 표시된 제품번호를 체크하여 수확시기를 파악한다'고 고다마 셰프는 설명한다.

예를 들어, 초봄에 수확한 밀가루는 아무래도 상태가 좋지 않다. 따라서 반죽이 잘 뭉쳐지지 않는 경우가 많으므로, 그 시기에 수확한 밀가루를 사용할 경우에는 수분의 양과 수온을 조절해야 한다. 이렇게 품질 체크를 미리 하면서부터 1차 발효에서 완성도가 떨어져서 당황하는 일도 줄어들었다고 한다.

이렇게 완성된 식빵은 촉촉하고 쫄깃한 식감, 재료의 단맛과 감칠맛을 느낄 수 있다. 라드를 넣은 식빵은 특히 토스트했을 때 깊은 맛이 느껴지고, 살짝 탄 부분까지도 맛있게 먹을 수 있다.

사각 식빵

발효버터, 생크림, 달걀을 배합한
매일 매진되는 인기상품 NO.1

•

100% 일본산 밀가루에 발효버터와 생크림을 듬뿍 사용하였다. 아무것도 바르지
않고 그대로 믹어도 리치한 밋이 느껴지는, 매장의 인기 NO.1! 3번에 걸쳐 히루에
24~30개를 한정판매한다.

POINT

•

아무것도 바르지 않고 먹어도 맛있는 리치한 배합.

•

일본산 밀만 블렌딩해서 사용하여 밀가루의 감칠맛을 살렸다.

100%
일본산
밀가루
발효버터
생크림
달걀 배합

사각 식빵

>> RECIPE <<

배합

-
  준킹력분진바) 70%
  준강력분(다이고미) 30%
  샤프 인스턴트드라이이스트 1%
  소금 1.8%
  상백당 6%
  발효버터 6%
  달걀 5%
  생크림(유지방 38%) 8%
  물 55%

믹서 · 오븐

-
  믹서_ 버티컬 믹서, 브랜드 AICOH
  오븐_ 돌가마 오븐(스웨덴제)

과정

-
  저속 2분, 중속 6분
  ↓　(버터)
  중속 6분
  반죽온도 25℃

1차 발효

온도 30℃, 습도 80%에서 1시간

분할 · 둥글리기

240g

휴지

30분

파이롤러(1차)

1번 왕복

휴지

30분

파이롤러(2차)

1번 왕복

성형

6덩어리가 들어가는 풀먼틀에 넣는다.

최종 발효

온도 30℃, 습도 80%에서 1시간

굽기

뚜껑을 덮고 250℃에서 45분
(넣자마자 아랫불을 세게 올리고,
20~25분 후에 약하게 줄인다.)

오너 셰프 가타오카 다쓰시는 항상 안전한 재료로 직접 만든 빵을 지역사람들에게 제공하고 싶다는 마음으로 빵을 만든다. 그런 마음을 담은 <불랑주리 푸 부>의 NO.1 인기상품은 '사각식빵'으로, 100% 일본산 밀가루로 만든다.

가타오카 셰프가 추구하는 식빵은 '버터나 잼 등 아무것도 바르지 않아도 맛있는 빵'이다. 그러기 위해 생크림이나 달걀 등을 넣어 리치한 맛을 내고, 탄력이 강하고 쫄깃한 식감의 식빵을 만든다.

밀가루는 다다제분의 제빵용 1등급 밀가루 '진바[陣馬]' 70%와 '다이고미[醍醐味]'(모두 준강력분) 30%를 블렌딩하여 사용한다. 일본산 밀가루는 감칠맛이 강하기 때문에 그중에서도 비교적 글루텐과 회분이 많은 밀가루를 선택하였다. 밀가루의 감칠맛을 살리기 위해 드라이이스트의 배합은 1%로 낮췄다.

또한 깊은 맛을 내기 위해 생크림은 8%로 넉넉하게 넣고, 버터는 풍미가 좋은 발효버터를 사용한다. 또한 빵의 팽창을 도와주는 달걀을 5% 사용하여 부드러운 느낌을 살렸다. 달걀 중에는 흰자가 많은 것도 있는데 그럴 경우에는 수분의 양을 줄인다. 안정된 품질의 달걀을 구하기 위해 중간상인을 통하지 않고 직접 구입한다.

일본산 밀가루도 시기에 따라 품질과 수분 함유량에 차이가 있기 때문에, 글루텐이 약하게 느껴지면 믹싱을 길게 하는 등 조절이 필요하다. 반죽온도 25℃로 조금 낮게 잡은 이유는 나중에 파이롤러를 사용하기 때문이다.

믹싱이 끝나면 발효기에 반죽을 넣고 1시간 발효시킨 다음 분할하고, 30분 휴지시킨 다음 반죽을 파이롤러에 넣는다.

'몰더를 둘 공간이 없어서 대신 크루아상 등에 사용하는 파이롤러를 사용한다. 목적은 반죽에 탄력과 쫄깃한 식감을 만들기 위해서'라고 가타오카 셰프는 설명한다. 반죽이 손상되지 않도록 파이롤러의 압력은 약하게 조절한다. 30분 휴지시킨 다음 파이롤러에 다시 넣는다. 이렇게 하면 반죽에 탄력이 생긴다.

성형한 반죽은 6덩어리가 들어가는 풀먼틀에 넣는다. 매장에서 사용하는 틀은 주문제작한 제품으로, 열 전달 등 여러 가지를 생각해서 일반 틀보다는 조금 크게 주문하였다.

빵을 만들 때 어려운 점은 밀이 수확되는 시기에 따라 밀가루의 수분 함유량이 달라지는 것이다. 반죽의 상태를 보고 수분 함유량과 믹싱시간을 알맞게 조절해야 한다. 또한 매장에서는 아침, 점심, 저녁 3번에 나눠서 식빵을 굽는데, 낮에는 실내온도가 높고 아침과 저녁에는 습도가 높다. 이처럼 준비하는 시간에 따라 환경이 달라지므로 수분의 양 등을 다르게 조절해야 한다.

<불랑주리 푸 부>에서 식빵은 그야말로 핵심상품이다. 오븐이 작아서 하루에 3번 굽는데 하루 평균 24개, 많을 때는 최대 30개 굽는다. 갓 구운 것을 바로 판매하는데 대부분 순식간에 모두 매진된다.

특히 껍질까지 맛있다는 손님이 많아 껍질을 자르지 않고 그냥 달라는 경우도 많다. 이유는 리치한 배합 때문이다. 제대로 구워서 껍질이 단단하기 때문에 씹으면 씹을수록 맛있다.

그레이엄 식빵

토스트하면 맛있는
고소함이 매력적인 식빵

•

통밀식빵은 토스트하면 고소함이 배가 된다. '비고의 가게'에서는 크로크므슈와
크로크마담을 만들 때 이 식빵을 사용한다. 통밀가루는 깁칠맛을 살리기 위해 물
과 살짝 섞어서 하룻밤 냉장보관한 다음 본반죽에 사용한다.

POINT

•

냉장 중종으로 만든다.

•

통밀가루를 넣어서 고소한 맛이 특징이다.

굵게 간
통밀가루
배합

중종법

흑설탕 사각식빵

배합

•

강력분 100%
생이스트 0.8%
인스턴트이스트 0.6%
소금 2.1%
탈지분유 2%
캐러멜 2%
쇼트닝 3%
흑설탕액 20%
물 61%

과정

•

믹싱

저속 4분, 속도2 3분

↓ (쇼트닝)

저속 3분, 속도2 2분

반죽온도 25℃

1차 발효

온도 30℃, 습도 75%에서 50분

펀치 후 50분

분할 · 둥글리기

250g

성형

2덩어리가 들어가는 풀먼틀에 넣는다.

최종 발효

온도 38℃, 습도 75%에서 50~60분

굽기

윗불 220℃, 아랫불 250℃에서 약 45분

믹서 · 오븐

•

믹서_ 스파이럴 믹서, 브랜드 KEMPER

오븐_ 돌가마 오븐(스페인제), 브랜드 TAYSO

<므슈 아슈>는 오사카와 고베 지역의 '빵을 좋아하는 사람들'을 대상으로, 빵을 즐기는 방법을 제안하는 상품을 적극적으로 개발하는 빵집이다.

스텝 모두가 신상품 개발에 참여하여 매달 신제품을 출시하고, 샌드위치에도 식빵뿐 아니라 하드계열의 빵을 많이 사용한다. '<므슈 아슈>에 가면 특별한 빵이나 샌드위치가 있다'고 기대하게 만드는 메뉴를 만든다. 미식가들에게 평판이 좋다는 것은 주말이면 고객 1인당 평균 구매액이 상당하다는 점만 보아도 알 수 있다.

식빵 종류로는 정통 사각식빵 외에 '흑설탕식빵', '영국식빵', 프랑스빵 반죽으로 만든 '팽 드 아슈' 등이 있다. '흑설탕 사각식빵'은 '샌드위치에도 사용하는 빵으로, 손님의 관심을 끌 수 있는 빵'이라는 컨셉의 식빵이다.

흑설탕은 다른 설탕보다 건강에 좋다는 이미지가 있다. 그런 흑설탕을 사용하여 은은한 단맛을 내고, 마요네즈로 버무린 속재료와 잘 어울리는 식빵을 만들고 싶었다고 한다. 스파이럴 믹서에 쇼트닝 이외의 재료를 넣고 저속으로 4분, 속도2로 3분 믹싱한 다음, 쇼트닝을 넣고 다시 저속으로 3분, 속도2로 2분 믹싱한다.

흑설탕식빵은 흑설탕의 깊은 맛이 특징이므로 강력분은 특별한 것보다 일반적인 것을 사용한다. 캐러멜을 사용하는 것은 흑설탕액만 넣으면 지나치게 달아지기 때문이다. 흑설탕액을 줄이고 깊은 맛과 색깔을 보충하기 위해 캐러멜을 사용한다.

쇼트닝은 빵의 원가를 낮추기 위해서 사용하는데, 샌드위치를 만들 때 빵 자체의 원가가 높으면 샌드위치의 원가도 높아지기 때문이다. 같은 이유로 흑설탕액은 시판품을 활용하고, 우유의 풍미를 효과적으로 살리기 위해 우유 대신 탈지분유를 사용한다.

일반 식빵보다 수분을 적게 사용하지만 흑설탕액을 넣기 때문에 전체 수분 함유량은 같다.

1차 발효는 50분 발효시킨 다음 펀치 후 다시 50분 발효시킨다. 발효 후에는 1덩어리가 250g이 되게 분할해서 2덩어리가 들어가는 풀먼틀에 담은 다음 발효기에 넣고 50~60분 동안 최종 발효를 한다. 마지막으로 윗불 220℃, 아랫불 250℃로 설정한 오븐에 넣고 45분 동안 굽는다.

요리빵이나 샌드위치의 속재료를 만들 때 마요네즈보다는 수제 바질페스토나 앤초비를 넣은 수제 올리브소스, 수제 토마토베샤멜소스 등을 사용하여 특별한 맛을 내는 경우가 많은데, 판매가격이 지나치게 비싸면 잘 팔리지 않는 것이 현실이다. 그런 점에서 은은한 단맛의 흑설탕 사각식빵은 신맛나는 마요네즈를 넣은 샐러드와 잘 어울려서 비싸지 않으면서도 맛있는 샌드위치를 만들 수 있다.

<므슈 아슈>에서는 흑설탕 사각식빵에 생햄과 수제 달걀샐러드를 넣거나(생햄 & 달걀 쉬크르 브뤼), 수제 타르타르소스로 버무린 새우샐러드와 아보카도를 넣은(아보카도 & 쉬림프 쉬크르 브뤼) 샌드위치를 판매하고 있다.

토스트해도 은은한 단맛이 있어서 맛이 좋으므로 프렌치토스트를 만들어도 좋다. 일반 식빵으로 만든 프렌치토스토와는 달리 깊은 맛의 프렌치토스트가 된다. 크루통을 만들어서 샐러드에 넣으면 보기에도 좋고 악센트도 된다. 또한 빵가루로 만들어서 튀김 샌드위치에 사용해도 좋다.

흑설탕식빵

흑설탕에도 정성을 담은
부드러운 식감의 인기만점 식빵

•

은은한 흑설탕의 향과 부드러운 식감 때문에 이 빵은 팬이 많다. 오키나와 흑설탕
을 가게에서 직접 빻아서 만든 특별한 맛과 건강함이 매력이다. 단맛을 줄였기 때
문에 샌드위치는 물론, 토스트해서 버터를 발라도 맛있다.

POINT

•

토스트해서 버터를 발라도 맛있는 단맛.

•

구운 흑설탕을 직접 빻아서 만든 흑설탕물을 사용한다.

오키나와산
흑설탕
사용

흑설탕식빵

배합

- 강력분(헤르메스) 100%
- 생이스트 3%
- 소금 1.2%
- 그래뉴당 3%
- 흑설탕 10%
- 캐러멜 0.5%
- 버터 6%
- 흑설탕물 10%
- 물 62%

과정

믹싱
저속 2분, 속도2 5분
↓ (버터)
저속 2분, 속도2 4분
반죽온도 26℃

1차 발효
상온에서 90분
펀치 후 30분

분할
220g

휴지
30분

성형
몰더 2번 통과
3덩어리가 들어가는 풀먼틀에 넣는다.

최종 발효
온도 32℃, 습도 80%에서 60분

굽기
뚜껑을 덮고 윗불 230℃, 아랫불 230℃에서 35분

믹서 · 오븐

믹서_ 버티컬 믹서, 브랜드 KANTO
오븐_ 데크 오븐

p.28에서 소개한 <폰셰>의 대표 상품인 '골드식빵'을 비롯하여 모두 13종류의 식빵을 판매하고 있다. '산형식빵'은 천연효모로 만든 식빵이고, '사각식빵'도 있으며, '고시히카리고한'은 밥을 넣은 식빵이다. 또한 '하드토스트'는 토스트용으로 만든 식빵이고, '포모도로식빵'은 말린 토마토가루를 넣은 식빵이다. 그 밖에 건강을 생각한 '현미식빵', 통밀가루로 만든 '그레이엄 식빵', 일본산 밀을 사용한 '하드식빵', 그리고 수제 흑설탕물을 넣어 만든 '흑설탕식빵', 잡곡을 넣은 '시리얼식빵' 등이 있으며, 리치한 맛의 '생크림식빵'과 천연효모를 사용한 '흑임자식빵'도 있다.

개성이 강한 빵들이 많아서 어떤 식빵을 사야할지 고민하게 되지만, 매일매일 지루하지 않게 다양한 식빵을 구입할 수 있다. 이런 점 때문에 하루에 식빵만 250개를 파는 실적을 올리고 있다.

하루에 150개나 팔리는 골드식빵(p.28)에 대한 믿음이 다른 식빵의 인기를 높이는 데도 한몫을 톡톡히 하고 있다.

흑설탕식빵에는 오쿠모토제분의 '헤르메스' 밀가루를 사용한다.

버터 이외의 재료를 믹서에 넣고 저속으로 2분, 속도2로 5분 믹싱하는데, 믹서는 버티컬 믹서를 사용한다. 흑설탕식빵은 반죽에 버터와 설탕, 흑설탕을 넣고 부드러운 반죽을 만들어야 하는데, 스파이럴 믹서로는 작업이 어렵기 때문에 버티컬 믹서를 사용하는 것이 좋다.

계속해서 버터를 넣고 저속으로 2분, 속도2로 4분 동안 믹싱한다. 반죽온도는 26℃. 1차 발효는 상온에서 90분 발효시키고 펀치를 1번 한 다음 다시 30분 발효시킨다. 1덩어리가 220g이 되게 분할해서 30분 휴지시킨 다음 몰더에 2번 통과시킨다. 3덩어리가 들어가는 풀먼틀에 담고 발효기에 넣어 최종 발효를 한 다음, 윗불 230℃, 아랫불 230℃ 오븐에서 35분 동안 굽는다.

흑설탕식빵의 가장 큰 특징은 오키나와산 흑설탕을 사용하는 것이다. 흑설탕물은 오키나와산 흑설탕을 가게에서 직접 빻은 다음 물을 섞어서 약불로 가열하여 걸쭉해지면 식혀서 사용한다. 검은 색깔을 내는 것이 전부가 아니라, 식빵에 흑설탕 특유의 풍미를 더하고 흑설탕에 들어 있는 건강한 성분을 제대로 살리기 위해 흑설탕물을 만들어서 사용한다. 제대로 만든 흑설탕을 사용하기 때문에 은은하면서도 확실하게 흑설탕 향을 느낄 수 있는 것이 <폰셰>가 자랑하는 이 식빵의 특징이다.

은은한 단맛이 있어서 샌드위치용으로도 좋은데, 단맛이 강하지 않아 토스트해서 버터를 발라 먹어도 좋고, 식감이 부드러워서 그대로 먹어도 맛있다. 무엇보다 제대로 만든 흑설탕을 사용하여 건강에 좋은 이미지가 호평을 받는 가장 큰 이유이다.

또한 <폰셰>는 바쁜 가게이지만 맛을 위해 수고를 아끼지 않는다. 이것은 샌드위치를 만들 때도 마찬가지이다. 예를 들어, '연어튀김 샌드위치'에 넣는 연어튀김을 매장에서 직접 튀긴다. 그것도 연어 1마리를 통째로 구입해서 매장에서 직접 손질하여 튀겨서 빵 사이에 넣고 타르타르 소스도 직접 만들어서 사용한다.

이처럼 하나하나 수고를 아끼지 않기 때문에 좋은 평가를 받는 것이다.

홍국식빵

홍국의 맛과 향이 부드러운
건강을 생각한 붉은 식빵

•

건강에 좋으면서 안심하고 맛있게 먹을 수 있는 빵을 만들기 위해 끊임없이 노력하는 〈팡노미〉. 몸에 좋은 홍국가루를 넣은 식빵은 건강을 생각하는 손님들에게 호평을 받고 있으며, 멀리서도 사러 올 정도로 인기가 많다.

POINT

•

홍국을 넣어 미용과 건강에 좋은 빵.

•

홍국의 좋은 풍미를 살리기 위해 물 대신 우유를 사용한다.

•

믹싱을 적게 해서 풍미를 유지한다.

홍국 사용
100% 홋카이도산 밀
용암가마

홍국식빵

>> RECIPE <<

배합

●

강력분(하루요코이) 50%
강력분(기타노카오리) 20%
강력분(하루유타카) 30%
드라이이스트 0.6%
소금(시마마스) 1.8%
설탕(센소토) 6.2%
탈지분유 4%
달걀흰자 (알기트요오드 달걀) 3%
비타민C 0.1%
홍국가루 3%
무염버터 2.8%
우유 65~68%

믹서 · 오븐

●

믹서_ 버티컬 믹서, 브랜드 KANTO
오븐_ 용암가마, 브랜드 KUSHIZAWA

과정

●

탕종
믹싱
　저속 2분
　↓ (드라이이스트)
　중속 6분
　↓ (무염버터)
　저속 4분
　↓ (소금)
　중속 3~5분
　반죽온도 25℃
1차 발효
　상온에서 40분
　펀치
휴지
　15분
분할 · 둥글리기
　200g
성형
　손으로 둥글려서 4덩어리가 들어가는 풀먼틀에 넣는다.
최종 발효
　온도 29℃, 습도 75%에서 2시간 20분
굽기
　뚜껑을 덮고 윗불 185℃, 아랫불 210℃에서 23분

점주 스와하라 히로시는 재료를 매우 신중하게 고르는데, 그 이유는 건강과 안전을 생각한 빵을 만들기 위해서이다. 단, 맛이 없으면 의미가 없으므로 맛에서도 타협하지 않는다. 2가지를 모두 갖추어야 좋은 빵집이 될 수 있다고 생각한다.

식재료는 가능한 한 산지를 지정할 수 있는 일본산이나 유기농 식재료를 사용하며, 한 번에 섭취하는 양은 적지만 시간이 지나면 점점 몸속에 쌓일 것을 생각해서, 몸에 좋은 미네랄 성분 등을 조금이라도 섭취할 수 있도록 가능하면 정제하지 않은 제품을 선택한다.

'홍국식빵'은 콜레스테롤 억제, 암 예방, 혈액순환에 도움을 주는 등 미용과 건강에 좋은 홍국가루를 반죽에 넣어서 만든 식빵으로, 붉은색이 인상적인 독창적인 식빵이다.

배합은 홍국의 풍미와 향을 방해하지 않는 비율에 중점을 두었다. 밀가루는 3종류 모두 홋카이도산인데, 단맛이 강한 '하루요코이'를 메인으로 '하루유타카'와 향이 강한 '기타노카오리'를 블렌딩하여 사용한다. 스와하라 점주는 밀을 블렌딩하는 이유를 3가지로 설명한다.

첫째, 품질의 오차를 보완하기 위해서이고, 둘째, 깊은 맛이 나서, 단품으로 사용할 때보다 1.5배 정도의 힘을 발휘하기 때문이다. 셋째, 다른 곳에는 없는 특별한 맛을 만들 수 있기 때문이다. 홍국식빵의 경우 어디까지나 홍국의 맛과 향을 살리기 위해서 밀가루가 부각되지 않는 밸런스로 블렌딩하였다.

홋카이도산 밀가루에 맞춰서 버터도 홋카이도산을 사용한다. 소금도 원래 홋카이도 소야미사키[宗谷岬]의 소금을 넣고 싶었는데, 나트륨이 지나치게 많아서 오키나와산 '시마마스'로 바꾸었다. 설탕도 홍국의 풍미를 살리기 위해 정제되지 않은 설탕 중에서 맛이 깔끔한 센소토[洗双糖]를 선택하였다. 단, 홍국은 약간 쓴맛이 있으므로 이것을 없애려고 물 대신 홋카이도산 우유를 사용한다. 또한, 홍국을 넣으면 반죽이 거칠어질 수 있기 때문에 달걀흰자를 넣어 매끄럽게 만든다. 이때 달걀흰자는 달걀 알레르기가 있는 사람도 먹을 수 있는 '알기트 요오드 달걀'의 흰자를 사용한다.

홍국식빵을 만들 때의 포인트는 수분을 조금 적게 넣고 믹싱을 적게 하는 것이다. 수분을 적게 넣는 이유는 수분이 많으면 반죽이 잘 부풀어 오르지 않고, 발효가 느려지기 때문이다. 믹싱을 적게 하는 이유는 믹싱을 많이 할 경우 홍국과 밀의 좋은 풍미가 날아가기 때문이다. 믹싱할 때 이스트가 수분과 직접 접촉하면 힘이 약해지므로, 유지류와 소금을 제외한 나머지 재료를 먼저 섞은 다음에 이스트를 넣는다. 소금도 이스트의 활동을 방해하기 때문에 반죽이 어느 정도 뭉쳐진 다음에 넣는 것이 좋다.

매장 이름에도 있는 것처럼 용암가마(溶岩窯)는 <팡노미>의 빵맛을 만드는 데 큰 역할을 한다. 원적외선 효과로 굽는 시간이 단축되어 수분이 많이 날아가지 않기 때문에, 촉촉하고 맛있는 식빵을 만들기 위해 고민하는 스와하라 점주에게는 최적의 가마인 것이다. 틀에 사용하는 탈색제로는 항산화작용이 강한 쌀기름을 사용한다.

붉은색이 매력인 '홍국식빵'의 색깔을 잘 나타내기 위해서 윗부분이 짙은 색으로 구워지는 산형식빵이 아닌 사각식빵으로 만든다. 윗부분이 평평하면 붉은색을 좀 더 효과적으로 표현할 수 있기 때문이다. 주 1회 한정상품으로 제공하여 '특별한 빵'이라는 이미지가 강조되어 판매량 증가에도 도움이 된다.

팽 드 미 브리오슈

오래전부터 만들어온
가장 정통적인 제빵법을 기본으로

•

달걀 듬뿍, 버터도 듬뿍 넣은 리치한 반죽이 더 맛있어지도록, 믹싱하고 하룻밤 냉장고에 둔 다음 분할·성형한다. 단맛이 있는 사각식빵으로 과일이나 연어를 넣은 샌드위치에도 사용한다.

POINT

•

펀치 2번.

•

샌드위치에도 잘 어울린다.

반죽을
하룻밤
냉장보관

팽 드 미 브리오슈

>> RECIPE <<

배합

●

프랑스빵용 밀가루(리스도르) **70%**

강력분(슈퍼카멜리아) **30%**

생이스트 **0.2%**

소금 **2.4%**

설탕 **12%**

무염버터 **50%**

달걀 **60%**

물 **25%**

과정

●

믹싱

저속 **27분**

↓ (무염버터)

저속 **3분**

반죽온도 24℃

1차 발효

60분

펀치 후 **60분**

2번째 펀치 후 하룻밤 냉장보관(5℃)

분할 · 둥글리기

170g

휴지

15분

성형

3덩어리가 들어가는 풀먼틀에 넣는다.

최종 발효

온도 28℃, 습도 **80%**에서 **40~50분**

굽기

뚜껑을 덮고 윗불 **220℃**,

아랫불 **180~220℃**에서 **40~45분**

믹서 · 오븐

●

믹서_ 버티컬 믹서(스파이럴 후크)

오븐_ 가스오븐

브리오슈는 인기가 많은 빵으로 프랑스 느낌이 강한 빵이다. <비고의 가게>에서는 여러 종류의 브리오슈를 만들고 있는데, '브리오슈 아 테트(brioche a tete)', '낭테르(Nanterre)', '무슬린(mousseline)', 식빵 틀에 굽는 '팽 드 미 브리오슈' 등이 있다. 다루기 어려울 정도로 반죽이 부드러운 것이 특징인데, 그런 부드러움 속에 맛의 비결이 있다.

달걀을 믹서에 넣고 믹싱하면서 밀가루와 다른 가루 종류를 넣고, 한 덩어리가 되면 물을 분량의 1/3 정도 넣은 다음 나머지는 조금씩 넣는다. 밀가루는 프랑스빵용 밀가루인 '리스도르'를 70%, 강력분 '슈퍼 카멜리아'를 30% 배합해서 사용한다. 여름이라면 이 때 믹서볼 바닥을 차갑게 식혀서 반죽온도가 올라가지 않게 해야 한다. 처음에 물을 분량의 1/3만 넣는 이유는 반죽의 탄력이 약해지지 않게 하기 위해서이다. 물을 한꺼번에 모두 넣고 믹싱하면 반죽이 퍼져버린다.

물을 조금씩 넣으면서 저속으로 27분 동안 믹싱하는데, 탄력이 약해지지 않도록 주의해서 믹싱한다. 마지막으로 부드럽게 만든 버터를 넣고 3분 정도 돌린다. 반죽온도는 24℃.

완성된 반죽은 매우 부드럽지만 탄력이 있다. 물을 한꺼번에 넣고 믹싱하면 반죽이 퍼져서 구운 후에도 식감이 좋지 않다.

또한, 반죽온도가 조금만 높아져도 브리오슈의 풍미와 식감이 달라진다. 그래서 기온이 높은 여름철에 작업장에서 브리오슈를 만들 때는 온도관리가 특히 어렵다.

믹싱이 끝나면 1차 발효를 한다. 60분 두었다가 펀치를 하고, 60분 후에 다시 펀치를 한다. 반죽이 부드러워서 펀치는 2번 한다. 5℃ 냉장고에 하룻밤 두는데 장시간 냉장하면 맛이 좋아진다.

다음날 냉장고에서 꺼내 1덩어리가 170g이 되게 분할한다. 둥글려서 15분 정도 반죽을 휴지시킨 다음, 3덩어리가 들어가는 풀먼틀에 담아 발효기에 넣는다. 윗불 220℃, 아랫불 180~220℃로 설정한 오븐에서 40~45분 동안 굽는다.

<비고의 가게>에서 만드는 브리오슈는 가벼운 맛이 특징이다. 그렇지만 지나치게 바삭하지 않고 알맞게 촉촉하다. 이렇게 완성하려면 반죽을 부드럽게 만들어야 하고, 반죽온도가 올라가지 않게 조절하는 것이 중요하다.

가벼운 느낌이라서 그대로 먹어도 맛있지만 다른 재료와 조합해도 맛있다.

'팽 드 미 브리오슈'는 모양도 샌드위치에 적합하기 때문에 다른 재료와 조합하기 쉬운 브리오슈이다.

실제로 <비고의 가게>에서는 '팽 드 미 브리오슈'를 슬라이스해서 샌드위치에 활용하고 있다. 예를 들어, 슬라이스한 브리오슈에 생크림을 바르고 복숭아, 파인애플, 귤, 딸기를 사이에 넣은 과일 샌드위치를 만들어도 좋고, 은은한 단맛이 있기 때문에 연어 샌드위치를 만들어도 좋다.

프랑스빵이 일본에 전파된 것은 <비고의 가게>를 통해서라고 해도 과언이 아니다. 현재, 본점 앞에 있는 <레스카에코 비고(Rescaeco Bigot)>에서는 빵, 요리, 디저트 수업을 열어 집에서 만드는 즐거움을 전파하고 있다.

산형식빵

뚜껑을 덮지 않고 굽는 '산형식빵'도 '사각식빵'
과 마찬가지로 매일 먹는 친숙한 빵이다. 여기서
는 인기 베이커리의 플레인 산형식빵은 물론, 다
양한 속재료를 넣고 만든 맛있는 산형식빵도 소
개한다.

팽 드 프르미에

30년 가까이 전통방식으로 만들어온
고급스러운 맛과 향

•

저온에서 천천히 오랜 시간 발효시킨 통밀가루 효모를 사용한 천연효모 산형식빵.
쫄깃한 탄력 속에 은은한 단맛과 신맛이 느껴진다. 만드는 데 많은 시간과 수고가
필요하기 때문에 화, 금, 토요일에만 한정판매한다.

POINT

•

연유를 넣어 부드러움을 더한다.

•

구울 때 오븐팬에 천연버터를 바른다.

•

탄력과 씹는 느낌이 있는 천연효모 식빵.

중종법
천연효모
저온
장시간
발효

팽 드 프르미에

>> RECIPE <<

배 합

●

최강력분(슈퍼킹) **80%**

강력분(카멜리아) **20%**

통밀가루 효모* **10%**

드라이이스트 **1%**

소금 **2%**

설탕 **2%**

연유 **0.2%**

몰트 **0.3%**

무염버터 **4%**

우유 **40%**

물 **30%**

* 통밀가루 효모 만들기

(본반죽에 넣기 4일 전에 준비한다.)

01 통밀가루 100g, 소금 1g, 몰트 0.2g, 물 100g을 믹서볼에 넣고 저속으로 5분 돌린 다음, 24시간 냉장고(적정 온도 20℃)에 넣어둔다.

02 2일째에는 **01**에 '리스도르' 밀가루 50g을 넣고 저속으로 5분 돌린 다음 다시 24시간 냉장고에 넣어둔다.

03 3일째에는 **02**에 다시 '리스도르' 50g을 넣고 저속으로 5분 돌리고 10시간 냉장고에 넣어둔다.

04 실제로 사용하기 전에 **03**의 발효종 1㎏에 '카멜리아' 1㎏을 넣고 섞어서 2시간 둔다. 이 과정을 3번 반복한다.

과 정

●

믹싱

저속 4분, 중·고속 5분

↓ (무염버터)

저속 5분

반죽온도 26℃

1차 발효

상온에서 90분

분할·둥글리기

340g

휴지

30분

성형

밀대로 둥글려서 4덩어리가 들어가는 식빵틀에 넣는다.

최종 발효

온도 32℃, 습도 70%에서 60분

굽기

윗불 220℃, 아랫불 230℃에서 55분

믹서·오븐

●

믹서_ 버티컬 믹서, 브랜드 SK믹서

오븐_ 일반 오븐, 브랜드 EIWA

빵으로 다양한 소품을 만드는 빵공예로 널리 알려진 <셰 가자마>는 유명인 고객이 많은 것으로도 소문이 나 있다. 천연효모로 만든 '팽 드 프르미에'는 <셰 가자마>에서 빵공예와 어깨를 나란히 하는 주력상품이다. 이 빵은 가자마 도요쓰구 셰프가 <DONQ>라는 빵집의 공장장으로 일할 때부터 만들었던, 30년 가까운 역사를 지닌 빵이다. 중종법으로 밀과 버터의 향을 최대한 살리고, 저온에서 천천히 숙성시킨 통밀가루 효모를 사용하여 탄력과 씹는 느낌이 있는 식빵을 만든다.

본반죽에 사용하는 밀가루는 닛신제분의 최강력분 '슈퍼킹'을 주로 사용하고, 강력분 '카멜리아'를 함께 사용한다. 슈퍼킹만 사용하면 펀치를 많이 해야 해서 바삭하게 완성되지 않으므로, 카멜리아와 8 : 2의 비율로 블렌딩해서 사용한다. 통밀가루 효모는 본반죽에 사용하는 밀가루와 같은 브랜드인 닛신제분의 프랑스빵 전용 밀가루 '리스도르'로 만든다. 유지류는 마가린이 아닌 무염버터를 사용하고, 매우 적은 양이지만 연유를 넣어 부드러움을 더한다.

통밀가루 효모는 본반죽을 만들기 4일 전에 만들기 시작해야 한다.

처음에는 통밀가루, 소금, 미량의 몰트, 물을 믹서볼에 넣고 저속으로 5분 동안 돌린 다음, 24시간 동안 냉장고(적정온도 20℃)에 넣어둔다. 2일째에는 발효종에 리스도르를 1/2 분량 넣고 저속으로 5분 돌린 다음, 다시 24시간 냉장고에 넣어둔다. 3일째에는 발효종에 나머지 리스도르를 넣고 저속으로 5분 동안 돌린 다음, 다시 10시간 냉장고에 넣어둔다.

이렇게 만든 발효종은 실제로 사용하기 전에 발효종 1kg당 카멜리아 1kg을 넣고 섞어서 2시간 두는 과정을 3번 반복한다. 원종 만들기부터 시작해서 이처럼 여러 단계를 거쳐야 깊은 맛이 있는 식빵을 만들 수 있다.

발효종만 만들어두면 반죽을 완성하는 과정은 그리 복잡하지 않다. 먼저 유지류 이외의 재료를 믹서에 넣고 저속으로 4분 돌리고, 다시 중·고속으로 5분 돌린다. 무염버터를 넣은 다음에는 저속으로 5분 돌린다. '믹싱으로 반죽을 제대로 완성하는 것은 맛있는 빵을 만들기 위해 꼭 필요한 작업이다'는 것이 가자마 셰프의 설명이다.

상온에서 90분 동안 1차 발효를 한 다음 보통은 펀치를 하지만, 반죽온도가 높으면 펀치는 생략한다. 340g으로 분할해서 둥글린 다음 30분 정도 휴지시키고 성형한다.

마지막으로 1시간에 걸쳐 최종 발효를 한 다음, 윗불보다 아랫불을 높게 설정한 오븐에서 약 55분 동안 굽는다. 매장에서는 천연버터를 틀 바닥에 바른 다음 굽는다. 그러면 식빵의 풍미가 한층 더 풍부해진다. 천천히 시간을 들여서 숙성시킨 반죽을 노릇하게 구우면 완성이다.

믹싱할 때의 반죽온도, 최종 발효할 때의 발효기 온도, 그리고 오븐 온도까지, 온도관리를 철저하게 하는 것은 식빵을 맛있게 만들기 위한 중요 포인트이다.

천연효모를 사용하기 때문에 구우면 약한 신맛이 나며, 은은한 단맛도 있고, 버터의 고소한 향도 인상적이다. 또한 제대로 구웠기 때문에 오래 보관할 수 있다.

보통 식빵과 비교하면 배 정도의 가격이지만, 언제나 저녁시간이 지날 무렵이면 품절될 정도로 인기가 많다.

팽 앙글레즈

유기농 빵을 찾는 사람들을 위하여
좋은 재료를 엄선하여 만든 고급식빵

•

캐나다산 유기농 밀가루와 프랑스산 고급 버터의 풍부한 향을 즐길 수 있는 고급 산형식빵. 입에 넣으면 부드러우면서 탄력이 있고, 짠맛이 효과적으로 전체의 맛을 잘 잡아준다. 토스트로 먹으면 맛과 향이 제대로 살아난다.

POINT

•

캐나다산 유기농 강력분을 사용한다.

•

프랑스 정부의 A.O.C. 인정을 받은 고급 버터의 풍미를 살린다.

유기농
강력분
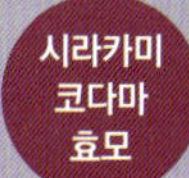
시라카미
코다마
효모

팽 앙글레즈

배합

•

유기농 강력분 100%

시라카미코다마 효모 2.6%

소금(해양심층수염) 2.2%

설탕(하나미토) 3.6%

우유 14%

달걀 4%

무염버터(라 비에트) 8.3%

효모용 물 2.6%

물(시라카미노미즈) 48%

과정

•

믹싱

속도1 3분, 속도2 2분

↓ (무염버터)

속도2 7분, 속도3 2분

반죽온도 27℃

1차 발효

온도 28℃, 습도 75%에서 100분

플로어타임

펀치 후 20분

분할 · 둥글리기

145g

휴지

20분

성형

손으로 둥글려서 3덩어리가 들어가는 식빵틀에 넣는다.

최종 발효

온도 32℃, 습도 75%에서 60분

굽기

윗불 180℃, 아랫불 190℃에서 29분

믹서 · 오븐

•

믹서_ 버티컬 믹서, 브랜드 KANTO

오븐_ 전기오븐, 브랜드 KYUDENSHA

안심하고 먹을 수 있는 식재료로 빵을 만들기 때문에 알레르기가 있는 사람도 많이 찾는 <루앙 몽타뉴>. 몸에 좋은 유기농 빵을 찾는 손님들의 요청에 따라 개발하여 탄생한 것이 '팽 앙글레즈'라는 산형식빵이다.

주재료는 일본에서 유기농 인증을 받은 캐나다산 유기농 밀가루. 유기농 인증을 받은 일본산 밀가루는 거의 없기 때문에, 대신 품질 좋은 캐나다산 강력분을 마루신제분에서 공급받고 있다.

버터는 고급 버터로 잘 알려진 프랑스 정부의 A.O.C. 인정을 받은 프랑스산 무염버터 '라 비에트'를 사용하고, 효모는 <루앙 몽타뉴>의 대명사가 된 시라카미코다마 효모를 사용한다.

이밖에 소금은 천연 미네랄을 함유한 해양심층수염 '아마미노시오[天海の塩]', 설탕은 100% 일본산 사탕수수로 만든 '하나미토[花見糖]', 물은 목넘김이 부드러운 '시라카미노미즈[白神の水]' 등 재료 하나하나를 신중하게 선택하여 사용하고 있다.

p.40에서 소개한 '시라카미 생크림식빵'과 '팽 앙글레즈'는 기본적으로 제빵 과정은 같지만, 각 과정마다 온도, 시간 설정, 사용하는 재료 등이 다르기 때문에 맛과 식감이 다르다. 특히 팽 앙글레즈는 유기농 밀가루와 라 비에트 버터의 향을 모두 즐길 수 있도록 신경 써서 만든 빵이다.

믹싱 전에 밑준비로 체친 밀가루, 해양심층수염, 하나미토, 달걀, 우유를 믹서볼에 넣는다. 따뜻하게 데운(36℃) 효모용 물에 시라카미코다마 효모를 손으로 부셔서 넣고 1~2분 둔 다음 거품기로 섞는다. 이것을 믹서볼에 넣고 물(시라카미노미즈)을 부어서 믹싱을 시작한다.

이 다음부터는 시라카미 생크림식빵과 같은 방법으로 작업한다. 믹싱에서 처음 1분이 중요하다는 것도 같다.

물과 밀가루가 섞이면 반죽의 단단한 정도를 손으로 만져보고 확인한 다음, 속도1로 3분, 속도2로 2분 돌리고 버터를 넣는다. 다시 속도2로 7분 돌린 다음, 반죽이 잘 늘어나도록 속도3으로 2분 동안 상태를 보면서 돌린다. 1차 발효, 플로어타임, 분할·둥글리기를 한 후 20분 휴지시키고 손으로 성형한다. 마지막으로 발효기에 넣고 최종 발효를 한 다음 굽는다.

이 식빵을 만들 때 어려운 과정은 최종 발효 전에 손으로 둥글리는 작업이다. 손으로 둥글려서 반죽을 탄력 있게 만들면서 동시에 부드럽게 완성하려면 가스가 지나치게 많이 빠지지 않도록 알맞게 둥글려야 한다. 지나치게 둥글리면 반죽에 탄력이 없어지고, 반대로 대충 둥글리면 반죽이 퍼져버린다. 비결은 중앙에 심이 있는 둥근 덩어리를 만들 듯이 둥글리는 것이다. 잘 둥글린 반죽은 작업대 위로 던졌을 때 공처럼 통통 튄다.

완성된 빵은 밀과 버터의 향이 하나로 어우러지고 탄력까지 함께 즐길 수 있다. 유기농 밀가루의 단백질 때문에 일본산 밀로 만든 빵보다 오래 보관할 수 있고 부드러움도 더 오래 유지된다. 그대로 먹으면 특별한 느낌을 못 느낄 수도 있지만, 토스트하면 더 맛있어진다는 것이 도야마 셰프의 설명이다. 염분을 많이 넣는 것은 토스트했을 때 바삭한 식감과, 전체적인 맛을 잡기 위해서이다. 셰프가 생각하는 소금의 최대 양은 2.2%.

식 빵

흡수율 90%의 반죽을
장시간 발효시켜 만든 독특한 식감

·

흡수율 90%로 가수율이 높은 오리지널 산형식빵. 1차 발효는 20시간으로 길게 하고, 5단계로 온도를 변화시켜 반죽을 완성한다. 속은 쫄깃하고 겉은 바삭한 식감이 매력적이어서 폭넓게 인기를 얻고 있는 상품이다.

POINT

·

쫄깃해서 먹기 좋다.

·

다양하게 활용할 수 있는 만능식빵.

가수율
90%
단계적
숙성

식빵

배합

- 밀가루(쇼와산업F) 100%

인스턴트드라이이스트 0.15%

게랑드 소금 3%

첨채당 3%

물엿 4%

버터 5%

우유 60%

물 30%

묵은반죽 10%

과정

-

믹싱

속도1 5분, 속도2 10분

↓ (버터)

속도1 3분

반죽온도 16℃

1차 발효

18℃ 6시간

4℃ 6시간

10℃ 3시간

16℃ 3시간

20℃ 2시간

분할 · 둥글리기

420g

휴지

15분

성형

손으로 둥글려서 3덩어리가 들어가는 식빵틀에 넣는다.

최종 발효

온도 26℃, 습도 75%에서 4시간

굽기

윗불 180℃, 아랫불 250℃에서 45분

윗불 180℃, 아랫불 200℃에서 12분

믹서 · 오븐

-

믹서_ 버티컬 믹서(스파이럴 후크), 브랜드 AICOH

오븐_ 일반 오븐

심플하면서도 개성 있는 빵을 만들고자 노력한다는 오너 셰프 모리오카 스스무. <도라야베이커리>에서 판매하는 '식빵'의 가장 큰 특징은 흡수율 90%로 만들어서 굽는 동안 수분을 날려 겉은 바삭하고 속은 쫄깃하게 완성하는 것이다. 그로 인해 재료의 풍미가 제대로 살아나는 것도 이 빵의 특징이다.

모리오카 셰프는 흡수율을 90%로 만들기 위해 여러 방법을 시도한 결과 현재 사용하는 '쇼와산업F'라는 밀가루를 찾았고, 이 배합이 가능해졌다고 한다. 90% 중 물은 30%이고 나머지 60%는 우유인데, 물을 많이 넣어서 재료의 맛을 직접적으로 느끼기보다 우유의 풍미가 느껴지는 빵을 만들고 싶어서 결정한 비율이라고 한다.

설탕으로는 사탕무로 만든 첨채당을 사용하여 부드러운 단맛을 내고, 물엿을 넣어 보습력을 높이고 반죽이 잘 부풀게 만들었다.

믹싱은 버터 이외의 재료를 모두 넣고 속도1로 5분, 속도2로 10분 돌린 다음, 버터를 넣고 다시 속도1로 3분 돌린다. 흡수율이 높기 때문에 반죽이 퍼질 수 있어서 믹싱할 때 반죽이 단단하게 한 덩어리가 되도록 스파이럴 후크를 사용한다. 또한 믹서의 회전속도를 20% 늦춰서 보통보다 느린 속도로 천천히 섞는다.

반죽온도도 중요하다. 온도가 높으면 반죽이 퍼지기 때문에 16℃로 매우 낮은데, 그러기 위해서 작업이 이루어지는 주방의 실내온도를 낮추어 반죽온도가 16℃ 이상 올라가지 않도록 주의해야 한다. 반죽에 넣는 물을 차가운 물로 사용하면 반죽의 전분질이 수분을 흡수하지 않기 때문에, 실내온도를 조절하여 원하는 반죽온도를 맞춘다.

1차 발효에서는 온도를 5단계로 조절해서 도우컨디셔너에 넣고 20시간 동안 발효시킨다. 습도는 비닐을 덮어 75%를 유지한다. 처음에는 18℃로 6시간 발효시킨 다음 온도를 4℃까지 내려서 6시간 정도 천천히 숙성시킨다. 그리고 10℃, 16℃, 20℃로 온도를 점점 올리는데 이것은 반죽과 바깥 온도의 차이를 없애기 위해서이다. 반죽을 밖으로 꺼내면 온도에 차이가 생겨 반죽 겉면에 영향을 미치므로, 반죽 속과 겉면의 상태를 고르게 유지하려면 바깥 온도에 맞춰 최종 발효온도를 높게 조절하는 것이 중요하다고 모리오카 셰프는 말한다.

발효시간은 작업의 효율성을 고려해서 설정한 것으로, 매일 아침 오픈시간에 맞춰 완성되도록 계산하였다.

발효가 끝나면 1덩어리가 420g이 되게 분할한 다음 15분 휴지시키는데, 물을 많이 흡수했기 때문에 1덩어리의 무게가 무거운 편이다.

성형할 때 주의할 점은 최종 발효 때 반죽이 퍼지지 않도록 안에 심을 만들듯이 둥글리고, 반죽을 럭비공모양으로 만드는 것이다. 감칠맛이 빠져나가지 않게 가스는 빼지 않는다.

오븐 내부의 천정이 낮으면 천정에서 반사되는 윗불의 영향이 강해지므로 윗불을 180℃로 낮게 설정한다. 스팀은 넣지 않아도 되며, 굽는 시간은 57분을 정확히 지켜야 한다. 마지막 12분 동안 아랫불을 250℃에서 200℃로 낮춰서 구우면 토스트했을 때도 껍질까지 맛있게 먹을 수 있다.

영국빵

밀의 풍부한 향과 풍미가 매력적인
씹으면 씹을수록 맛있는 식빵

•

밀의 향과 풍미가 진하며, 부재료를 적게 넣어서 심플하고 질리지 않는 맛이 매력
적인 빵. 식사용으로도 잘 어울려서 아침식사를 느긋하게 즐기는 어른들에게 인기
가 많다. 장시간 발효로 밀의 감칠맛을 충분히 끌어낸다.

POINT

•

씹는 느낌이 있어서 식사용으로도 좋은 빵.

•

유럽의 빵처럼 밀의 향과 맛을 중요시한다.

•

장시간 발효시켜서 감칠맛을 끌어낸다.

장시간
발효

영국빵

>> RECIPE <<

배합

●

프랑스빵용 밀가루(리스도르) **50%**

강력분(세이버리) **50%**

드라이이스트 **0.5%**

소금 **1.8%**

그래뉴당 **4%**

몰트 **0.5%**

라드 **3%**

물 **70%**

과정

●

밑준비

밀가루와 드라이이스트를 살짝 섞어둔다.

믹싱

저속 3분, 중속 3분

↓ (라드)

저속 3분, 중속 3분

반죽온도 26℃(여름 25℃, 겨울 27℃)

1차 발효

상온에서 2시간

펀치 후 1시간

분할 · 둥글리기

215g

성형

밀대로 막대모양으로 밀어서 'の'모양으로 만다.

4덩어리가 들어가는 식빵틀에 넣는다.

최종 발효

온도 32~33℃, 습도 70%에서 1시간

굽기

윗불 180℃, 아랫불 250℃에서

처음에 스팀을 넣고 45~50분

믹서 · 오븐

●

믹서_ 버티컬 믹서, 브랜드 AICOH

오븐_ 전기오븐, 브랜드 EDOGAWA

<트윈클>의 '영국빵'은 유럽의 빵을 따라 만들었다. 껍질은 바삭하고 고소하며 속은 씹는 느낌이 있어서, 씹으면 씹을수록 더 맛있는 빵이다. 이런 영국빵의 맛을 내는 핵심은 밀가루의 풍부한 향과 감칠맛, 그리고 긴 발효시간이다.

밀가루는 씹는 느낌이 있는 식감과 풍미, 그리고 향을 고려하여 선택한 것으로, 중력분에 가까운 2종류의 밀가루를 사용한다. 프랑스빵 전용 밀가루인 '리스도르'와 하드계열 빵이나 산형식빵에 잘 어울리는 '세이버리'이다. 리스도르는 회분이 많아 풍미와 향이 좋고, 강력분만큼 글루텐이 많지 않아서 앞에서 설명한 이상적인 식감을 만들 수 있다. 세이버리는 리스도르와 비슷한 특징을 가진 밀가루이지만, 특히 구웠을 때 향이 강해진다는 것이 기무라 셰프의 설명이다.

이 밀가루의 특징을 살리기 위해 설탕은 밀가루의 풍미와 향에 방해되지 않는 그래뉴당을 사용하고, 유지류는 깔끔한 맛과 적당한 깊은 맛의 라드를 사용한다. 또한 몰트는 향을 더하고 윤기를 내는 목적으로 넣는데, 이스트의 영양분이 되므로 발효에도 도움이 된다.

이 2종류의 밀가루를 오랫동안 발효시키면 이런 좋은 특징들이 잘 살아난다고 기무라 셰프는 말한다. 그렇기 때문에 이스트는 '장시간 발효'에 적합한 드라이이스트를 사용한다. 오랫동안 발효시켜도 효력이 끝까지 남아 있으며, 향도 좋아서 선택하였다. 믹싱시간이 짧고 발효시간이 길기 때문에 조금만 사용한다.

믹싱할 때는 드라이이스트에 물을 직접 넣으면 발효력이 약해지므로, 먼저 밀가루와 이스트를 섞은 다음 믹싱을 시작한다. 저속으로 3분, 중속으로 3분 돌려서 라드를 넣은 다음, 다시 저속으로 3분, 중속으로 3분 돌린다. 이 과정에서는 지나치게 많이 섞지 않도록 주의해야 한다. 중력분에 가까운 밀가루라서 지나치게 섞으면 반죽의 풍미가 약해지기 때문이다. 천천히 오랫동안 발효시키기 때문에 반죽온도를 26℃로 맞추는 것도 중요하다.

1차 발효는 먼저 상온에서 2시간 발효시키고 펀치를 한 다음, 다시 상온에서 1시간 발효시킨다. 반죽 상태를 보면서 펀치의 힘을 조절하는 것도 포인트 중 하나이다. 잘못 판단하면 딱딱해져서 식감이 나빠지고 성형하기도 힘들어진다.

p.36에서 소개한 '고급식빵'은 제빵용 몰더로 성형하지만 여기서는 손으로 성형하는 이유는 2가지이다. 첫 번째는 지방이나 당분이 적은 민감한 반죽이므로 기계를 사용하면 쉽게 손상되기 때문이다. 두 번째는 기포를 고르게 만들 필요가 없기 때문이다. 고급식빵은 결이 곱고 부드러우며 입안에서 녹는 듯한 식감이 특징이지만, 영국빵은 공기를 많이 빼지 않고 거친 느낌으로 구워야 맛있다. 마지막으로 최종 발효는 반죽의 얇은 막이 손상되지 않을 정도로 발효시킨 다음 굽기 시작한다.

구울 때 뚜껑을 덮지 않기 때문에 타기 쉬우므로 윗불의 온도는 낮게 설정한다. 윤기가 나고 오븐 스프링이 잘 일어나도록 처음에 스팀을 넣고, 아랫불 250℃, 윗불 180℃로 설정하여 45분 동안 굽는다. 노릇노릇 진한 색으로 굽는 것이 특징이다. 충분히 구워야 좋은 풍미가 생기고, 껍질도 조금 두툼해져서 바삭하게 완성된다. 또한 구운 색이 진해야 껍질이 고소한 영국빵의 느낌을 살릴 수 있다.

두유식빵

진한 두유를 넣은
교토스러운 식빵

•

'교토스러운 식빵'이라는 컨셉으로 개발한 두유를 넣은 식빵이다. 탕종을 사용하여 쫄깃한 식감을 만들고 껍질까지 부드럽게 구워서 많은 손님들에게 인기를 끌고 있다. 그대로 먹어도 맛있는 것이 특징이다.

POINT

•

가까운 두부가게에서 구입한 두유를 사용한다.

•

반죽은 충분히 믹싱한다.

탕종
두유 사용

두유식빵

>> RECIPE <<

배합

•

탕종

강력분(카멜리아)15%

뜨거운 물 15%

•

본반죽

강력분(카멜리아) 60%

강력분(세이버리) 25%

인스턴트드라이이스트 0.9%

천일염(나루토산) 1.8%

상백당 6%

쇼트닝 5%

두유 47%

물 25%

믹서 · 오븐

•

믹서_ 스파이럴 믹서, 브랜드 KEMPER

오븐_ 브랜드 BONGARD(M4)

과정

•

탕종

믹싱

저속 1~2분

냉장 발효

냉장고에 2시간 둔 다음 사용(여름), 바로 사용(겨울)

•

본반죽

믹싱

저속 6분, 고속 3분

↓ (설탕, 소금, 이스트)

저속 2분, 고속 3분

↓ (쇼트닝)

저속 2분, 고속 4분

반죽온도 27℃

1차 발효

상온에서 90분, 펀치 후 30분

분할 · 둥글리기

220g

휴지

30분

성형

둥글려서 식빵틀(내부 35㎝ × 11㎝ × 9㎝, 바닥 34㎝ × 9.5㎝)에 4덩어리를 넣는다.

최종 발효

온도 36℃, 습도 75%에서 65분

굽기

윗불 190℃, 아랫불 240℃에서 처음에 스팀을 넣고 35분. 다 구워지면 쇼트닝을 빵 위에 바른다.

'교토스러운 식빵을 만들고 싶었다'는 도구치 하루요시 셰프. 교토의 맛있는 두부를 보고 생각해낸 것이 이 '두유식빵'이다.

근처 두부가게에서 구입한 직접 만든 진한 두유를 사용하는 것은 시판 두유로 만들면 반죽이 잘 뭉쳐지지 않기 때문이다. 두유식빵에는 두유를 47% 사용하는데 먹을 때 두유의 맛이 거의 느껴지지 않아서 일반 식빵과의 차별화를 위해 탕종으로 쫄깃한 식감을 더했다.

탕종은 '카멜리아'밀가루와 뜨거운 물을 넣고 저속으로 1~2분 믹싱해서 만들며, 밀가루를 알파화시키기만 하면 되므로 손으로 반죽해도 관계없다. 여름에는 2시간 정도 냉장보관한 다음 사용하고, 겨울에는 믹싱 후 바로 사용한다.

탕종의 배합은 여러 가지로 시험해본 결과, 카멜리아를 사용하는 경우에는 15%가 적당하다는 것이 도구치 셰프의 판단이다. 10%로는 탕종 특유의 쫄깃한 식감이 별로 느껴지지 않고, 20% 이상 사용하면 본반죽에서 반죽이 잘 뭉쳐지지 않기 때문이다.

두유를 사용할 때 어려운 점은 반죽이 잘 섞이지 않는 것이다. 처음에는 물을 사용하지 않고 두유만으로 만들었지만 반죽이 전혀 뭉쳐지지 않아서 5%씩 물의 양을 늘려가며 반죽하여 두유 47%, 물 25% 배합을 완성하였다.

믹싱할 때도 두유를 사용하기 때문에 주의할 점이 있다. 바로 재료를 넣는 타이밍인데, 보통 유지류 이외의 재료는 한꺼번에 믹싱하는 경우가 많지만 두유를 사용할 때 그렇게 하면 반죽이 잘 뭉쳐지지 않는다. 따라서 먼저 밀가루, 두유, 물만 넣고 저속으로 6분, 고속으로 3분 돌린 다음, 설탕, 소금, 이스트를 넣고 다시 저속으로 2분, 고속으로 3분 돌린다. 그 다음 쇼트닝을 넣고 저속으로 2분, 고속으로 4분 돌리는데, 충분히 믹싱해서 반죽을 완성해야 한다.

또한 가장 중요한 것은 반죽온도인데 27℃가 가장 좋으며 그 이상 올라가면 반죽이 퍼져버린다. 반대로 반죽온도가 너무 낮으면 1차 발효를 오래 해야 한다.

반죽이 퍼지기 쉬우므로 반죽에 힘을 줘서 성형하기 쉽게 만들려면, 1차 발효는 90분 동안 상온에 둔 다음 펀치를 1번 하고 다시 30분 동안 그대로 둔다.

성형할 때는 가스를 빼고 부드럽게 둥글린 다음 틀에 넣는데, 반죽이 끊어지기 쉬우므로 지나치게 주무르지 않도록 주의한다.

구울 때는 윗불 190℃, 아랫불 240℃에서 35분 동안 굽는데, 이 빵의 배합은 설탕의 양이 조금 많은 편이므로 윗불을 낮게 설정해야 한다. 다 구워지면 빵 위에 쇼트닝을 바른다. 쇼트닝을 선택한 것은 알레르기를 일으키기 쉬운 달걀이나 유제품을 사용하지 않기 위해서이다.

도구치 셰프는 두유식빵을 토스트해도 맛있지만 그대로 먹어도 맛있고, 특히 버터나 잼을 바르지 않아도 맛있게 먹을 수 있는 식빵을 목표로 만들었다고 한다. 또한 '식빵 껍질은 딱딱하다'는 편견을 없애려고 전체적으로 부드러운 식빵이 되도록 반죽을 지나치게 주무르지 않고 성형하였다.

그 결과 은은한 단맛이 있고 어린아이부터 노인까지 두루 사랑받는 빵으로 완성되었다.

시골식빵

엄선한 재료와 용암가마로
밀의 단맛과 쫄깃함을 살린다

일본산 밀의 단맛을 즐길 수 있는, 매장에서 1, 2위를 다투는 인기식빵이다. 밀가루뿐 아니라 소금, 설탕, 물까지 섬세하게 블렌딩하고, 지역특산물을 식빵 재료로 사용하는 등 다양한 매력을 갖고 있는 식빵이다.

POINT

밀의 단맛을 느낄 수 있고, 매일 먹어도 질리지 않는 소박한 빵.

건강과 안전을 신경 쓰고 동시에 맛도 놓치지 않는다.

용암가마로 구워 굽는 시간을 단축시켜 수분 함유량이 높다.

용암가마
100%
일본산 밀

시골식빵

>> RECIPE <<

배 합

●

강력분(하루요코이) **50%**

강력분(하루유타카) **40%**

밀가루(효고무기) **10%**

드라이이스트 **0.6%**

소금(오키나와산 '시마마스'와 오스트리아산 'NATURAL LAKE'를 같은 비율로 블렌딩) **2%**

설탕(100% 아마미제도산 사탕수수로 만든 '기비라'와 다네가시마산 '센소토'를 1 : 9 로 블렌딩) **6%**

탈지분유 **4%**

비타민C **0.1%**

무염버터 **3%**

물 **65~68%**

과 정

●

믹싱

저속 2분

↓ (드라이이스트)

중속 3분

↓ (무염버터)

저속 2분

↓ (소금)

중속 4~5분

반죽온도 26℃

1차 발효

상온에서 약 1시간

휴지

펀치 후 10분

분할 · 둥글리기

200g

성형

손으로 둥글려서 4덩어리가 들어가는 식빵틀에 넣는다.

최종 발효

온도 29℃, 습도 75%에서 2시간

굽기

윗불 195℃, 아랫불 205℃에서 22분

믹서 · 오븐

●

믹서_ 버티컬 믹서, 브랜드 KANTO

오븐_ 용암가마, 브랜드 KUSHIZAWA

'시골식빵'은 심플하고 질리지 않는 맛을 목표로 만든 식빵으로, 밀가루의 '단맛'을 느낄 수 있다. p.80의 '홍국식빵'과 마찬가지로 건강과 안전, 더불어 맛까지 생각해서 엄선한 재료로 만든다.

밀가루는 단맛이 강하고 밀의 소박한 맛을 느낄 수 있는 '하루요코이'를 주로 사용하고, p.83의 설명과 같은 이유로 3종류의 밀가루를 블렌딩한다. 3종류의 밀가루 중에서 특징적인 것은 효고현산 밀가루이다. 점주 스와하라 히로시는 사용하는 재료의 대부분을 가능하면 그 지역에서 생산된 것으로 사용한다. 매장이 있는 효고현에서 생산된 재료로 빵을 만드는 것은 지역 재료를 사용함으로써 조금이라도 손님의 흥미를 끌어 효과적으로 상품을 알리기 위해서이다.

설탕의 경우에도 '센소토'와 100% 아마미제도산 설탕인 '기비라[喜美良]'를 블렌딩한다. 아마미제도는 매장이 있는 효고 니시노미야의 제휴도시로, 시의 광고를 보고 이 설탕을 사용하게 되었다고 한다.

소금도 블렌딩하여 사용한다. 오키나와산 '시마마스'와 미네랄 성분이 풍부하고 단맛이 있는 오스트레일리아산 유기농 소금 '내추럴 레이크'를 같은 비율로 섞어서 사용한다. '이 2가지는 단맛과 쌉쌀한 맛의 대비를 생각해서 선택하기도 했지만, 소금 결정의 크기를 비교해서 결정한 것이기도 하다'고 스와하라 점주는 설명한다. 결정이 큰 것만 있으면 결정과 결정 사이에 틈이 생기기 쉽지만, 작은 결정이 있으면 그 틈에 작은 결정이 들어가서 맛이 일정해지기 때문에 좀 더 안정된 상품을 만들 수 있다고 한다. 빵집을 시작하기 전 제약회사에서 일한 경험이 있는 스와하라 점주는 이렇게 화학적인 사고를 바탕으로 조합을 결정한다.

<팡노미>는 관서지방에서 처음으로 후지산 용암가마를 도입하였다. 무엇보다 수분이 많은 빵을 중요하게 생각하는 스와하라 점주의 빵 만들기에서 용암가마의 역할은 매우 중요하다. 용암가마를 사용하면 원적외선 효과 때문에 굽는 시간이 오븐으로 구울 때보다 절반 정도로 줄어들어서 수분이 유지되므로 촉촉하고 쫄깃한 빵이 된다. 현재 식빵 종류는 전부 일본산 밀로 만들고 있으며 언젠가는 모든 빵을 일본산 밀로 만들려고 하는데, 일본산 밀의 쫄깃한 식감도 용암가마를 사용하면 충분히 살릴 수 있다.

물은 수돗물을 자기로 처리해서 알칼리이온수로 만든 다음 미네랄워터와 블렌딩하여 사용한다. 작업성보다는 완성 후의 보습을 위해, 반죽의 풍미가 줄어들지 않는 한도에서 최대한 수분을 많이 넣어 배합한다. 또한 이스트도 수분을 흡수할 수 있도록 드라이이스트를 선택한다.

일본산 밀은 예전에 비해 품질이 안정적이지만 아직 조금씩 차이가 나기 때문에, 습도와 온도를 살펴서 물의 양을 조절하여 넣는데, 실제로 믹서볼 속의 상태를 보면서 판단해야 한다. 이런 조절이 특히 어렵다고 스와하라 점주는 설명한다. 믹싱할 때는 p.80의 '홍국식빵'과 마찬가지로 재료를 넣는 순서도 주의해야 한다.

또한 성형은 반드시 손으로 해야 한다. 기포를 고르게 만들기보다는 작은 기포와 매우 작은 기포를 만들어서 공기를 함유한 정도에 변화를 주면 좀 더 풍미가 좋아지기 때문이다. 최종 발효는 온도 29℃, 습도 75%로 설정한 발효기에 2시간 넣어두는데, 버터의 녹는점이 30℃이므로 그 이상 온도가 올라가지 않도록 주의한다.

휴일 브런치

매번 새로운 수제 효모를 준비해서
5일 동안 만드는 주말 한정 식빵

•

느긋한 휴일에 즐기는 식빵을 꿈꾸며 시간과 정성을 들여서 만드는 주말 한정의
특별한 식빵 '휴일 브런치'. 실크로드 건포도로 만든 천연효모의 달콤한 과일향을
느낄 수 있는 바삭하고 가벼운 식감의 식빵이다.

POINT

•

그린 건포도 효모를 그때그때 직접 만들어서 사용하여 과일향을 더한다.

•

엄선한 재료를 사용하는 특정 요일에만 살 수 있는 빵.

천연효모
중종법
일본산 밀

휴일 브런치

>> RECIPE <<

배 합

중종

프랑스빵용 밀가루(TYPE ER) **40%**

건포도종* **30%**

꿀 **0.3%**

몰트 **0.2%**

본반죽

밀가루(고무기 / 100% 비에이산 지정) **60%**

소금(천일염) **2.1%**

사탕수수 설탕 **2.3%**

꿀 **0.2%**

탈지분유 **1%**

몰트 **0.3%**

무염버터 **3%**

물 **33%**

*건포도종(천연효모)

그린 건포도 150g과 물 900g을 섞어서 4일 동안 발효
시킨 것.

믹서 · 오븐

믹서_ 버티컬 믹서, 브랜드 AICOH

오븐_ 용암가마, 브랜드 KUSHIZAWA

과 정

중종

믹싱

저속 2분, 중속 2~3분

반죽온도 22~23℃

발효 · 숙성

볼에 넣고 하룻동안 숙성시킨다(처음에는 상온에 두고, 기
포가 올라오면 흔들어서 가라앉기 직전에 냉장고에 넣는다).

본반죽

믹싱

저속 2분, 중속 3분

↓ (무염버터)

저속 2분, 중속 3분

반죽온도 25~26℃

1차 발효

상온에서 2시간

펀치 후 1시간

분할 · 둥글리기

217g

휴지

상온에서 1시간

성형

밀어서 2번 접어 반달모양으로 만든 다음,

6덩어리가 들어가는 식빵틀에 가장자리부터 넣는다.

최종 발효

온도 30℃, 습도 65%에서 5시간

굽기

윗불 210℃, 아랫불 230℃에서 처음에 스팀을 넣고 30분

'휴일 브런치'는 일반 식빵보다 조금 특별한 재료와 이 식빵에만 사용하는 천연효모를 넣고, 총 5일에 걸쳐 정성껏 만든다. 껍질은 바삭하고 얇으며 탄력이 있고, 속은 담백하고 가벼운 식감의 식빵이다. 이름 그대로 여유 있게 일어나서 느긋하게 즐기는 휴일 브런치를 꿈꾸며, 보통 때와는 조금 다른 특별한 빵을 모두 함께 먹으면서 휴일을 시작하길 바라는 세키야 셰프의 마음을 담은 빵이다.

이 빵의 가장 큰 특징은 '실크로드 건포도'라고 부르는 그린 건포도로 만든 천연효모를 사용하는 것이다. 효모를 한 번 만들어놓고 계속 사용하는 것이 아니라 매번 새로 만들어서 사용하는 것이 맛의 비결이라고 세키야 셰프는 말한다. 이렇게 하면 건포도의 달콤한 향이 살아 있는 빵을 만들 수 있다.

'휴일 브런치'를 만드는 대략적인 과정은 다음과 같다. 4일 동안 효모를 만들고, 이 효모를 넣은 중종을 만들어서 다시 하룻동안 둔 다음 본반죽을 한다. 천연효모를 넣기 때문에 중종을 사용하여 안정시키는 방법으로 만든다.

중종에는 'TYPE ER' 밀가루를 사용한다. p.55에서 설명한 것처럼 예전에는 수입산 밀가루를 사용하였지만, 2007년 10월 리뉴얼 오픈 때 모든 밀가루를 일본산 밀가루로 변경하였다. TYPE ER은 100% 홋카이도산 밀로 만든 밀가루로, 하드계열 빵에 알맞은 밀가루라고 세키야 셰프는 설명한다. 정제도가 낮아서 맛있고 풍미가 강한 것이 특징이다. 여기에 건포도종과 효모의 영양분이 되는 꿀, 몰트를 넣고 저속으로 2분, 중속으로 2~3분 믹싱해서 반죽온도 22~23℃의 저온으로 완성하는 것이 중요하다. 믹싱이 끝나면 여름에는 4시간, 겨울에는 6시간 정도 발효시켜서 냉장고에 넣고 하룻밤 숙성시킨다. 잘 섞어서 안정되면 다음날 본반죽에 넣는다.

본반죽에는 같은 홋카이도산 밀 100%로 만든 '고무기'(p.55의 '식빵'처럼 비에이산으로 산지지정) 밀가루를 사용한다. 설탕은 정제하지 않은 다네가시마[種子島]산 사탕수수 설탕을 사용한다. 사탕수수 설탕을 2.3% 정도 배합하는 경우 정제 설탕을 사용하는 것과 맛이 크게 다르지 않지만, 특별한 느낌을 주기 위해 선택한 것이라고 한다. 몰트와 꿀은 중종의 경우와 마찬가지로 효모의 영양분이 되고, 탈지분유와 버터는 향과 풍미를 높여준다.

천연효모를 사용한 빵은 이스트 빵과 비교했을 때 모든 과정에서 반죽이 영향을 많이 받기 때문에, 하나하나의 과정이 모두 중요하다고 세키야 셰프는 말한다. 또한 긴 발효시간 역시 이 빵의 매력을 만드는 중요한 포인트이다. 1차 발효는 중간에 펀치를 넣고 총 3시간, 분할 후에 휴지 1시간, 최종 발효는 5시간 동안 진행한다. 반죽을 치대기보다는 천천히 발효시켜서 자연스럽게 반죽이 뭉쳐지게 하고, 숙성을 통해 밀가루의 감칠맛을 살리는 느낌으로 만든다.

바삭한 식감으로 완성하기 위해 성형은 손으로 하는데, 결을 고르게 만들지 않고 공기가 빠지지 않은 부분도 남겨서 가볍게 만드는 것이 포인트이다. 분할해서 둥글릴 때도 지나치게 누르지 않고, 구울 때는 스팀을 충분히 넣어 껍질까지 바삭하게 완성한다.

산형식빵을 보기 좋게 만드는 비결은 틀에 담을 때 가장자리부터 반죽을 채워서 골고루 발효시키는 것이다.

매니토바 브레드

캐나다산 밀 콘테스트에서 입상한
밀가루의 맛이 특별한 식빵

•

이노우에 셰프가 제빵을 배울 때 '캐나다산 밀로 만든 식빵 콘테스트'에 참가하여 최우수상을 받은 식빵. 밀의 감칠맛과 풍미를 살리기 위해 풀리시법으로 천천히 만든다. 속이 촉촉하고 입안에서 사르르 녹는 매력적인 빵이다.

POINT

•

캐나다산 밀의 감칠맛과 풍미를 살린다.

•

60% 풀리시법으로 반죽이 잘 늘어난다.

설탕
사용 안 함
풀리시법

매니토바 브레드

>> RECIPE <<

배합

●
풀리시종
프랑스빵용 밀가루(리스도르) 60%

인스턴트드라이이스트 0.2%

물 60%

●
본반죽
강력분(빌리언) 40%

인스턴트드라이이스트 0.4%

소금 2%

몰트 1%

쇼트닝 4%

물 15%

믹서 · 오븐

●

믹서_ 스파이럴 믹서, 브랜드 KEMPER

오븐_ 일반 오븐, 브랜드 BONGARD

과정

●
풀리시종
믹싱

손으로 섞는다.

반죽온도 20℃

발효

온도 28℃, 습도 75%에서 3시간

냉장고(5℃)에서 18시간 이상

●
본반죽
믹싱

저속 3분, 고속 2분

↓　(쇼트닝)

저속 3분, 고속 2분

반죽온도 24~25℃

1차 발효

온도 28℃, 습도 75%에서 45분

플로어타임

펀치 후 상온에서 30분

분할 · 둥글리기

210g

성형

손으로 둥글려서 4덩어리가 들어가는 식빵틀에 넣는다.

최종 발효

온도 38℃, 습도 85%에서 1시간 20분

굽기

윗불 210℃,

아랫불 250℃에서 처음에 스팀을 넣고 50분

'매니토바 브레드'는 오너 셰프인 이노우에 가쓰야가 2001년에 열린 '캐나다산 밀로 만든 식빵 콘테스트'에 출품하여 최우수상을 받은 식빵이다. 매니토바 브레드라는 이름은 밀 산지로 유명한 캐나다 매니토바주의 이름을 따서 붙였다.

콘테스트 출품을 목적으로 한 이 식빵의 테마는 당연히 캐나다산 밀의 맛을 충분히 즐길 수 있게 만드는 것이다. 그러기 위해서 설탕과 유제품을 전혀 사용하지 않고, 부재료를 최소한으로 줄인 식빵을 만들었다고 한다.

이노우에 셰프는 이 빵을 풀리시법으로 만드는데, 풀리시종을 넣으면 속은 촉촉해서 입안에서 사르르 녹고 껍질은 얇은 식빵이 된다.

'프랑스빵처럼 만드는 식빵이지만, 껍질이 거칠고 단단한 빵은 먹기 힘들기 때문에 풀리시법을 선택하였다. 껍질이 얇아서 누구나 먹기 좋고, 밀가루의 감칠맛도 즐길 수 있는 빵을 만들 수 있다'는 것이 이노우에 셰프의 설명이다.

하드계열 빵에 자주 사용되는 풀리시법은 일반적으로는 30% 풀리시종으로 만드는 경우가 많다. 그러나 '매니토바 브레드'는 60% 풀리시종으로 만드는 것이 특징이다.

'처음에는 30%부터 만들기 시작했지만, 산형식빵을 만들 경우 아무리 해도 반죽이 잘 부풀지 않았다. 그래서 풀리시종의 비율을 조금씩 높이면서 시험한 결과 최종적으로 60%라는 배합을 결정하게 되었다'고 이노우에 셰프는 말한다.

이렇게 60% 풀리시법으로 만들면 반죽에 힘이 생겨 볼륨이 있으면서 가벼운 식감의 빵이 완성된다.

풀리시종은 캐나다산 프랑스빵용 강력분 '리스도르' 60%, 같은 양의 물, 프랑스 르사프르(Lesaffre)사의 인스턴트드라이이스트 0.2%를 섞어서 만든다. 발효기에서 3시간 발효시킨 다음, 냉장고에 18시간 이상 넣어둔다. 적은 양의 이스트로 장시간 저온 발효시켜서 밀가루의 풍미를 최대한 살리는 것이다.

풀리시종은 전날 준비하고 다음날 아침에 본반죽을 시작한다. 본반죽에 사용하는 밀가루는 '빌리언'이다. 단백질과 회분이 많고 맛이 좀 더 강한 밀가루로 선택하였다.

먼저 유지류 이외의 재료를 모두 넣고 믹싱하는데, 중간에 넣는 유지류는 쇼트닝이다. 버터나 라드 등은 그 자체의 풍미가 너무 강해서 밀가루 맛을 방해할 수 있기 때문이다.

반죽 전체의 수분 함유량은 75% 이상으로, 완성된 반죽은 매우 부드러운 상태이다. 그렇다고 다루기 어려운 정도는 아니며 부드러운 만큼 촉촉한 빵을 만들 수 있다.

이 식빵을 만들 때 가장 중요한 것은 믹싱이 끝난 후의 반죽온도이다. 풀리시종의 풍미가 날아가지 않도록 조금 낮게 24~25℃로 맞추는데 반죽온도가 올라가지 않도록 주의해야 하며, 계절에 따라 반죽에 넣는 물의 온도를 조절하기도 한다.

구울 때는 프랑스 본가드사의 오븐을 사용하여 스팀을 넣고 50분 동안 굽는다. 빵 윗부분이 갈라지지 않은 것을 보면 알 수 있듯이, 풀리시법으로 만들어서 껍질은 얇고 속은 촉촉해서 먹기 좋은 식빵이 된다. 밀가루 맛에 풀리시종의 향과 풍미가 더해져서 맛이 좋고, 토스트해서 먹으면 밀의 향이 더 잘 살아난다.

하드토스트

토스트할 때
바삭하게 맛있는 빵을 추구한다

•

토스트로 먹기 위해 만든 식빵. 우유, 생크림 등의 유제품과 달걀을 사용하지 않고
설탕도 넣지 않는다. 프랑스빵 반죽을 사각틀에 넣고 굽는 느낌으로 만든 식빵이
라는 것이 가노 셰프의 설명이다.

POINT

•

유제품, 달걀, 설탕을 사용하지 않는다.

•

잘 건조시켜서 굽는 느낌으로 완성한다.

오토리즈법
유제품
사용 안 함
설탕, 달걀
사용 안 함
장시간
굽기

하드토스트

>> RECIPE <<

배 합

•

프랑스빵용 밀가루(리스도르) **80%**

프랑스빵용 밀가루(테루아) **20%**

사프 드라이이스트 **0.5%**

소금 **2.1%**

몰트 **0.2%**

라드 **2%**

물 **67.5%**

믹 서 · 오 븐

•

믹서_ 브랜드 KEMPER

오븐_ 브랜드 FUJISAWA(프린스)

과 정

•

믹싱

역방향 **1분**

오토리즈법 **15분**

↓　(라드 이외의 재료를 순서대로 투입)

저속 **4분**

↓　(라드)

속도2 **2분**

반죽온도 **22.5~23℃**

1차 발효

온도 **28℃**, 습도 **80%**에서 **90분**

펀치 후 **90분**

분할

450g

휴지

35~50분

성형

바게트 몰더 1번 통과

원통모양으로 만들어서

2덩어리가 들어가는 식빵틀에 넣는다.

최종 발효

온도 **28~30℃**, 습도 **75~80%**에서 **80~100분**

굽기

윗불 **210℃**, 아랫불 **260℃**로 설정한 오븐에 넣고,

윗불 **200℃**, 아랫불 **230℃**로 낮춰서 약 **42분**

<푸 프레칸테>라는 이름은 프랑스어로 '잘 알려지지 않은 좋은 곳'이라는 뜻이 있는 것처럼, 매장이 있는 곳은 조용한 주택가이다. 주변에 상점이나 음식점이 많지 않은데, 그런 곳에서 지금은 평일 450명, 일요일에는 600명이 찾아올 정도로 나고야의 유명한 빵집이 되었다. 빵 종류는 120~150개.

빵에 따라 다른 밀가루를 사용하는데, 만들고자 하는 빵의 식감과 맛을 고려하여 18종류의 밀가루를 블렌딩하여 사용한다. 6~7개 제분회사에서 밀가루를 공급받고 있으며, 식빵에도 브랜드별로 특징 있는 밀가루를 블렌딩하여 사용하고 있다.

식빵은 현재 10~12 종류를 매일 만들고 있는데, 인기가 많아서 점점 종류를 늘리다보니 12종류가 되었다고 한다. 하루에 300개 정도가 팔리며 대부분의 손님이 미리 예약하고 사러 오는데, 2~3개를 한꺼번에 구입하는 손님도 적지 않다. 오후가 되면 계산대 뒤 선반에 예약손님용 식빵들이 줄지어 늘어서 있는 모습을 볼 수 있다.

매장 폐점은 19시이지만 마지막 식빵이 완성되는 시간도 19시이다. 다음날 만들 빵을 준비해야 하는 셰프는 폐점 후에도 일을 계속하기 때문에, 예약을 하면 23시까지는 빵을 받을 수 있다. 밤늦게 받아도 19시에 완성된, 갓 구운 것에 가까운 식빵을 먹을 수 있는 것이다.

'하드토스트'는 프랑스빵 반죽을 사각틀에 넣고 굽는 느낌으로 만든다고 가노 셰프는 설명한다. 생크림, 우유, 버터 등의 유제품은 사용하지 않고 설탕도 넣지 않는다. 몰트를 넣는 것은 이스트의 활성화를 돕고 노릇노릇한 색깔을 내기 위해서이다. 라드는 반죽이 손에 들러붙지 않을 정도만 넣는다.

믹싱은 먼저 밀가루, 몰트, 물을 믹서에 넣고 1분 동안 역방향으로 돌린다. 가루느낌이 살짝 남아 있는 듯한 정도로만 섞은 다음 15분 동안 그대로 둔다.

15분 동안 두는 이유는 밀가루 속에 있는 효소의 작용으로 잘 뭉쳐지게 만들기 위해서이다. 이때 소금을 넣으면 반죽이 단단해지므로 넣지 않고 믹싱을 먼저 한다.

15분이 지나면 정방향으로 돌리면서 뜨거운 물에 녹인 드라이이스트를 넣고 저속으로 믹싱한다. 잘 섞이면 소금을 넣고 전체가 하나로 뭉쳐지면 라드를 넣는다. 마지막에 속도2로 2분 동안 돌려서 마무리하고, 반죽온도는 22.5~23℃이다. 반죽온도가 낮기 때문에 1차 발효를 길게 잡아서 온도를 높인다.

1차 발효를 하는 동안 반죽온도는 올라가고 감칠맛도 좋아진다. 1차 발효는 90분을 그대로 둔 다음 펀치를 1번 하고 다시 90분 동안 그대로 둔다.

1차 발효가 끝나면 덩어리 1개를 450g으로 분할해서 휴지시킨 다음, 바게트 몰더에 1번 통과시키고 원통모양으로 둥글려서 2덩어리가 들어가는 식빵틀에 담아 발효기에 넣는다.

완성된 반죽은 윗불 210℃, 아랫불 260℃로 예열한 오븐에 넣고, 윗불 200℃, 아랫불 230℃로 조절해서 42분 동안 굽는다.

반죽을 잘 건조시키는 느낌으로 구워야 한다는 것이 가노 셰프의 설명이다. 토스트했을 때 더 맛있는 식빵을 목표로 만든 하드토스트이다.

하루유타카 식빵

손님들에게 호평 받는 특별한 맛
100% 일본산 밀가루의 심플한 식빵

•

최근 맛과 안전성 때문에 일본산 밀가루를 사용한 빵이 인기를 끌고 있다. 이 식빵
도 손님의 요청에 의해 100% 일본산 밀가루로 만들었다. 풀리시법으로 밀가루
맛을 살려서 질리지 않는 심플한 식빵으로 완성한다.

POINT

•

안전을 위해 100% 홋카이도산 밀가루를 사용한다.

•

하드계열에 가까운 식감으로 토스트에 어울리는 식빵.

100%
일본산
밀가루
풀리시법

하루유타카 식빵

>> RECIPE <<

배 합

풀리시종

강력분(재퍼네스크) 30%

인스턴트드라이이스트 0.1%

물 30%

본반죽

강력분(재퍼네스크) 70%

인스턴트드라이이스트 0.5%

크렘 드 르뱅 5%

소금(시마마스) 2.1%

그래뉴당 2%

전지분유 1%

몰트시럽 0.2%

무염버터 4%

물 33%

믹 서 · 오 븐

믹서_ 스파이럴 믹서, 브랜드 KANTO

오븐_ 전기오븐, 브랜드 TOKYO KOTOBUKI INDUSTRY

과 정

풀리시종

믹싱

손으로 섞는다.

반죽온도 22℃

냉장 발효

온도 27℃, 습도 80%에서 2시간

냉장고(5℃)에서 15시간 이상

본반죽

믹싱

저속 2분, 중속 3분

↓ (무염버터)

저속 1분, 중속 3분

반죽온도 25℃

1차 발효

온도 27℃, 습도 75%에서 40분

펀치 후 40분

분할·둥글리기

250g

휴지

30분

성형

손으로 둥글려서 2덩어리가 들어가는 식빵틀에 넣는다.

최종 발효

온도 30℃, 습도 80%에서 60분

굽기

윗불 210℃, 아랫불 240℃에서 처음에 스팀을 넣고 35분

최근 수년 동안 매장에서는 원재료의 안전성에 대해 질문하는 손님이 급증하였다. 특히 밀가루는 일본산 밀가루를 널리 사용하게 되면서 '일본산 밀로 만든 빵은 없나요?'와 같은 질문을 자주 듣게 된다. 그런 손님들의 요청에 따라 오너 셰프 쓰치야 마사히로는 100% 일본산 밀가루를 사용하여 '하루유타카 식빵'을 만들었고, 나이 많은 손님이나 미식가로부터 호평을 받고 있다.

쓰치야 셰프가 이 빵을 만들 수 있었던 것은 좋은 밀가루를 만난 덕분이라고 한다. 닛폰제분의 '재퍼네스크'는 100% 홋카이도산 밀로 만든 밀가루로, 밀의 풍미가 풍부하고 오븐 스프링이 잘 일어나며, 노화가 비교적 늦게 일어나는 것이 특징이다.

일본산 밀의 맛을 최대한 끌어내기 위해 쓰치야 셰프가 선택한 방법은 '풀리시법'이다.

'이 밀가루는 회분이 매우 많으며 밀 특유의 풍미와 다양한 맛이 매력이다. 그런 매력적인 맛을 살려서 하드빵처럼 심플한 맛으로 만들고 싶었다. 그래서 풀리시법을 선택하게 되었다'는 것이 쓰치야 셰프의 설명이다. 하루유타카 식빵은 맛이 담백하고 프랑스빵처럼 독특한 풍미와 씹는 느낌을 살린 산형식빵으로, 껍질이 바삭해서 토스트하면 더 맛있다.

풀리시종은 전날 준비하는데, '재퍼네스크' 30%와 같은 양의 물, 인스턴트드라이이스트를 넣고 손으로 반죽하고 반죽온도는 22℃로 맞춘다. 상온에서 2시간 둔 다음 냉장고에 넣고 15시간 이상, 또는 다시 상온에서 3시간 발효시킨다. 매장에서는 냉장고에 넣고 저온발효시켜 밀의 풍미를 살린다.

다음날 아침에는 본반죽을 위해 유지류 이외의 재료를 넣고 믹싱한다. 믹싱에는 하드 계열의 빵을 만들 때처럼 스파이럴 믹서를 사용하는데, 단시간에 충분히 믹싱해서 글루텐을 만든다. 믹싱은 기본 식빵을 만들 때보다는 조금 적게 한다. '이 식빵은 볼륨감보다 풍미를 중시한다. 너무 가벼우면 맛이 약해지므로 믹싱도 적게 한다'는 것이 쓰치야 셰프의 설명이다.

또한 기본 식빵에도 사용하는 '크렘 드 르뱅'이라는 액종을 본반죽에 넣는데, 발효종 특유의 풍미를 더하기 위해서이다.

1차 발효 40분 후 펀치를 하고 다시 40분 발효시킨다. 발효시간을 조금이라도 단축할 수 있다는 점도 풀리시법의 장점이다.

1차 발효가 끝나면 250g씩 분할하여 2덩어리가 들어가는 식빵틀에 넣는다. 산형식빵의 경우 큰 틀에 3덩어리를 넣으면 아무래도 가운데 덩어리가 잘 익지 않으므로, 전체가 고르게 구워지도록 2덩어리가 들어가는 틀에 넣는다.

오븐에 스팀을 넣고 35분 동안 구워서 완성한 하루유타카 식빵은 겉은 바삭하고 속은 식감이 좋은 빵이 된다.

이 식빵을 만들 때 가장 중요한 포인트는 풀리시종을 하룻밤 그대로 두고 '숙성'시키는 것이다. 이유는 숙성에 의해 밀의 감칠맛을 충분히 끌어내기 위해서이다.

기본 식빵인 '스가모토스트'는 갓 구웠을 때의 맛이 매력이지만, 이 식빵은 풀리시법으로 만들어서 노화가 느리고 3일 정도 맛을 유지할 수 있다는 점이 매력이라고 쓰치야 셰프는 말한다.

무염무당빵

식단조절이 필요한 사람도 '빵'을 즐길 수 있다

•

소금, 설탕, 유지류를 전혀 사용하지 않고 빵다운 쫄깃한 식감을 살렸다. 당뇨병으로 식단조절을 하는 사람도 '빵이 있는 식탁'을 즐길 수 있는 스페셜 식빵으로, 다이어트하는 여성도 많이 찾는다.

POINT

•

소금, 당류, 유지류를 전혀 사용하지 않는다.

•

적은 양으로도 만족할 수 있는, 쫄깃한 식감의 식빵.

스팀 오븐
사워종
설탕, 소금
사용 안 함

무염무당빵

>> RECIPE <<

배합

●

강력분(카멜리아) 50%

프랑스빵용 밀가루(리스도르) 50%

생이스트 1%

물 60%

사워종* 15%

* 사워종은 호밀가루와 같은 양의 물을 넣고 만든다. 새로 만들 경우, 적어도 일주일 전에 만들어둔다.

과정

●

믹싱

저속 4분

반죽온도 22℃

1차 발효

온도 30℃, 습도75%에서 60분

분할

400g

휴지

20분

성형

밀대로 가스를 빼고 반달모양으로 성형해서,

식빵틀(높이 10cm × 폭 7cm × 길이 15cm)에

1덩어리를 넣는다.

최종 발효

온도 30℃, 습도 75%에서 50분

굽기

윗불 230℃, 아랫불 220℃에서 스팀을 넣고 22분

믹서 · 오븐

●

믹서_ 스파이럴 믹서

오븐_ 전기오븐

당뇨병이나 체중감량을 위해 식단을 조절하는 사람한테 빵과 잼, 버터, 햄 등은 '당분', '염분', '지방'을 지나치게 섭취하게 되어 피할 수밖에 없는 대상이다.

'빵을 좋아하지만 되도록 자제하고 있다'는 사람도 즐길 수 있는 빵을 만들고 싶다는 스기야마 셰프의 생각에서 '무염무당빵'이 탄생했다.

빵 자체에 당분, 염분, 지방이 함유되어 있지 않아, 두툼하게 잘라서 먹거나 잼 등을 발라서 '빵 먹는 즐거움'을 조금씩이라도 맛볼 수 있다.

'이탈리아에 무염무당빵이 있기 때문에 만들 수 있다는 확신이 있었다. 이탈리아에서는 식단조절을 위한 빵이라기보다 요리의 맛을 방해하지 않는 빵으로 인식되어 있다'는 것이 스기야마 셰프의 설명이다. '무염무당빵'을 만들 때의 포인트는 빵 만들기에 필요한 최소한의 염분과 당분까지도 철저히 억제하면서 일반 빵에 가까운 식감을 완성하는 데 있다. 또한 부드러운 빵은 많이 먹게 되므로 빵 특유의 부드러움은 있지만 쉽게 포만감을 느낄 수 있는 묵직한 식감을 목표로 만들었다.

촉촉하고 쫄깃한 식감을 만들기 위해 죽처럼 만든 쌀을 넣는 등 여러 시도를 해본 결과, 밀가루는 카멜리아와 리스도르를 같은 비율로 배합하고, 생이스트와 사워종을 사용하기로 했다.

사워종은 호밀가루와 물을 같은 비율로 섞어서 발효시킨 것인데, 새로 만들 경우에는 최소 1주일 전에 준비해야 한다. 무염무당빵의 경우 이스트만으로 발효시키면 '밀기울'처럼 바삭하게 구워지지만, 사워종을 사용하면 반죽의 흡수율이 높아져서 촉촉하게 완성된다.

또한 '사워종은 반죽의 조미료로서 중요한 역할을 담당한다'고 스기야마 셰프는 말한다. 왜냐하면 사워종을 넣으면 소금, 설탕을 사용하지 않아도 풍미가 생기기 때문이다.

믹싱은 저속으로 4분 동안 한다. 원래는 소금으로 글루텐 생성을 억제하지만 대신 강력분의 양을 줄이고 믹싱을 적게 하는 방법으로 조절한다. 믹서볼도 함께 돌아가는 스파이럴 믹서는 반죽에 가해지는 부담이 적어서 사용하기 좋다.

스팀을 넣어서 반죽이 잘 늘어나게 돕고, 1차 발효는 60분, 최종 발효는 50분을 기준으로 상태를 보면서 마무리해도 좋을지를 판단한다. 오븐에 넣을 때도 반죽에 충격을 주지 않도록 조심스럽게 다루어야 한다.

오븐의 온도가 낮으면 구운 다음에 반죽이 가라앉기 때문에, 굽는 온도는 위아래 모두 조금 높게 설정하여 한꺼번에 오븐 스프링이 이루어지게 한다. 스팀을 넣어 구우면 반죽이 알파화되어 원하는 '쫄깃함'을 만들 수 있다.

무염무당빵은 색깔이 밝고 속은 식감이 촉촉해서 얇게 슬라이스해도 부서지지 않는다. 퍼석하고 맛이 없다는 등 건강식에 대해 갖기 쉬운 부정적인 이미지는 느껴지지 않으며, 보통 빵을 먹는 느낌이다.

'맛이 강하지 않아서 하루에 1개라도 팔면 다행이라고 생각했지만, 매일 꾸준히 3~4개 정도 팔렸다. 병원에 다니는 사람이 아니어도 건강을 중요시하는 손님이 많은 것 같다'는 스기야마 셰프의 말처럼 무염무당빵은 만든 사람도 예상치 못한 호평을 받고 있다.

돌가마 식빵

일본산 통밀가루로 만든
부드러운 반죽

•

가키누마 셰프는 버터, 우유를 사용하는 빵과 사용하지 않는 빵을 확실히 구분하
여 만든다. 돌가마식빵은 사용하지 않는 빵이다. 독일에서 수입한 바크페르멘트
(Backferment)라는 사워종으로 만든 액종을 사용하는 것이 특징이다.

POINT

•

버터, 우유, 설탕을 사용하지 않는다.

•

바크페르멘트로 만든 액종을 사용한다.

버터·우유
사용 안 함
바크페르멘트
액종

돌가마 식빵

>> RECIPE <<

배 합

- 일본산 중력분(난부코무기) **48**%

  액종(밀가루 : 물 = 1 : 1) **92**%

  건포도종 **5**%

  물을 섞은 통밀가루(통밀가루 : 물 = 1 : 1) **12**%

  소금 **1.5**%

  꿀 **2**%

  물 **7**%

응 용

돌가마 건포도식빵

유기농 건도포를 넣은 식빵으로, 건포도를 20% 넣기 때문에 슬라이스해서 먹어도 '건포도가 듬뿍 들어간 식빵'이라는 느낌이 든다. 만드는 방법은 돌가마식빵과 같으며, 110g씩 분할하여 3덩어리가 들어가는 식빵틀에 넣고 굽는다.

과 정

- **믹싱**

  저속 4분 30초, 고속 2분 30초

  1차 발효

  온도 30℃, 습도 80~85%에서 60분

  분할 · 둥글리기

  270g

  성형

  2덩어리가 들어가는 식빵틀에 넣는다.

  최종 발효

  온도 30℃, 습도 80~85%에서 150~180분

  굽기

  윗불 230℃, 아랫불 230℃에서 5분

  윗불 210℃, 아랫불 220℃에서 20분

  앞뒤 방향을 바꿔서 10분

믹서 · 오븐

- 믹서_ 브랜드 KANTO

  오븐_ 돌가마 오븐, 브랜드 TSUJI

<마이스터 가키누마스 박슈투베>는 독일어 이름이지만 독일빵집이 아니라, 독일에서 마이스터 자격을 획득한 가키누마 셰프가 일본산 밀, 천연효모, 돌가마로 빵을 만드는 곳이다. 식빵, 프랑스빵, 독일빵 외에 과자도 만드는데, 공통점은 안전하게 안심하고 맛있게 먹을 수 있다는 것이다.

가키누마 사토시 셰프는 1973년에 태어났다. 독일의 제빵학교 '베커파흐슐레 인 슈투트가르트(Bäckerfachschule in Stuttgart)'에서 2000년에 제빵 마이스터 자격을 취득하였고, 그 후 마이스터로 빵집에서 일하다가 2003년에는 '마이스터슐레 인 호펜라우(Meisterschule in Hoppenlau)'에서 제과 마이스터 자격을 취득하였다. 2004년에 일본으로 돌아와 2006년 <마이스터 가키누마스 박슈투베>를 개업하였다.

이 빵집의 가장 큰 특징은 독일에서 직수입한 바크페르멘트라는 사워종용 스타터와 자가배양 건포도종을 사용하는 것이다. 밀가루는 일본산 밀가루로 맷돌로 간 통밀가루를 사용하며, 소금은 천일염, 물은 정수기 물을 사용한다. 또한 잼, 팥소, 오렌지필과 레몬필 등은 대부분 직접 만들고, 방목하여 키운 닭의 달걀, 일본산 꿀, 유기농 재배한 건포도와 말린 과일 등을 사용하여 '안전하게 안심하고 먹을 수 있는 빵'을 만들고 있다. 빵도 과자도 돌가마로 구우며, 정통 빵이나 과자 외에 매달 새로운 빵과 과자를 출시하여 계절을 느낄 수 있는 매장을 만들고 있다.

재료를 엄선하여 '안전하게 안심하고 먹을 수 있는' 빵을 만드는 것 외에, 버터나 우유 등의 유제품을 사용한 빵과 사용하지 않는 빵을 구분하여 만드는 것도 이 빵집의 특징이다. 유지류는 참기름이나 유채기름을 사용하며, 라드는 사용하지 않는다.

돌가마식빵은 버터, 우유 등의 유제품을 사용하지 않는 식빵으로, 설탕도 사용하지 않는데 대신 일본산 꿀을 사용한다.

액종은 독일에서 직수입한 바크페르멘트로 만들고, 건포도종은 보조적인 역할을 위해 넣는다. 예전에는 건포도종을 넣지 않고 통밀가루와 물을 섞은 것을 많이 넣어서 만들었다. 부드러운 반죽을 만들기 위해 물 흡수량은 최대한 늘린다.

재료를 모두 넣고 저속으로 4분 30초, 고속으로 2분 30초 믹싱한 다음 1차 발효를 하는데, 펀치는 하지 않고 60분 동안 그대로 발효시킨다. 1차 발효가 끝나면 산형식빵을 만들 때는 270g짜리 덩어리 2개, 건포도식빵을 만들 때는 110g짜리 덩어리 3개로 분할한 다음, 틀에 담아서 최종 발효를 위해 발효기에 넣는다. 최종 발효가 끝나면 모두 돌가마에 넣고 겉은 바삭하고 속은 촉촉하게 굽는다.

아랫불 230℃, 윗불 230℃로 설정한 돌가마 오븐에서 5분 동안 구운 다음, 윗불 210℃, 아랫불 220℃로 내려서 다시 20분 동안 굽는다. 마지막으로 앞뒤 방향을 바꿔 10분 동안 구워서 완성한다. 당분이 적은 반죽이어서 색깔이 진해지지 않기 때문에, 신경 써서 노릇노릇하게 잘 구운 다음 꺼내야 한다.

천연효모빵 특유의 신맛이 조금 느껴지며, 당분이 적어서 끈적거리지 않고 쫄깃한 식감으로 완성되는 것이 특징이다. 액종 만들기부터 계산하면 구워서 완성될 때까지 18~20시간이 걸리지만, '다른 빵집의 식빵과는 차원이 다른 맛'이라며 찾는 손님이 늘고 있다.

그레이엄 브레드

가벼운 식감으로 완성해서,
씹히는 통밀가루의 알갱이가 매력적

•

통밀가루 50%의 심플한 배합과 기본에 충실한 제빵법이다. 바삭하고 가벼운 식감, 알갱이가 씹히는 느낌, 특유의 향이 있다. 버터와 궁합이 좋고, 매장에서는 샌드위치에도 사용한다. 건강을 생각하는 여성이나 외국인에게 인기가 많다.

POINT

•

바삭하고 가벼운 식감으로 굽는다.

•

샌드위치로 먹기 좋게 만든 식사빵.

가벼운
식감
통밀가루
사용

그레이엄 브레드

>> RECIPE <<

배합

●

통밀가루(그레이엄 밀가루) **50%**

강력분(카멜리아) **50%**

드라이이스트 **1.5%**

소금 **2%**

설탕 **3%**

무염버터 **4%**

물 **70%**

과정

●

믹싱

저속 **5분**, 중·고속 **5분**

↓ (무염버터)

저속 **3분**, 고속 **2분**

반죽온도 **26℃**

1차 발효

상온에서 **60분**

펀치 후 **30분**

분할 · 둥글리기

430g

휴지

30분

성형

밀대로 둥글려서 3덩어리가 들어가는 식빵틀에 넣는다.

최종 발효

온도 **34℃**, 습도 **70%**에서 **50분**

굽기

윗불 **220℃**, 아랫불 **230℃**에서 **60분**

믹서 · 오븐

●

믹서_ 버티컬 믹서, 브랜드 SK믹서

오븐_ 일반 오븐, 브랜드 EIWA

> "
> **맛이 강한
> 통밀가루를
> 가벼운 식감으로
> 부담 없이**
> "

건강에 좋기 때문에 젊은 사람들부터 노인층까지 나이에 상관없이 여성고객에게 인기가 많은 '그레이엄 브레드'.

통밀가루는 껍질과 배아를 포함한 밀알을 그대로 빻아 비타민, 아미노산, 식이섬유가 풍부하다. 반면에 특유의 풍미를 좋아하지 않는 사람도 많다. <셰 가자마>에서는 품질과 상태가 매우 안정적인 닛신제분의 '그레이엄 밀가루'를 사용한다. 여기서는 통밀가루를 50% 배합한 그레이엄 브레드를 소개했지만, 매장에서는 여름철을 제외하고 100% 배합한 빵도 판매한다. 통밀가루를 50% 배합하는 경우에는 스트레이트법으로 만들지만, 100%는 중종법으로 오래 발효시켜서 만들기 때문에 통밀가루 분량의 1/2과 물, 이스트를 조금 넣고 하룻밤 그대로 두는 준비과정이 필요하다. 통밀가루 100%로 만들면 묵직하게 뱃속에 머무는 느낌이 들어 먹기 힘들다는 사람도 있지만, 50%는 부담이 덜하고 통밀가루 특유의 풍미를 즐길 수 있다.

> "
> **반죽이
> 퍼지기 쉬우므로
> 지나치게 섞거나
> 휴지시키지 않는다**
> "

통밀가루와 같은 비율로 섞어서 사용하는 것은 '카멜리아' 밀가루이다. 이 2종류의 밀가루 외에 사용하는 재료는 드라이이스트, 소금, 설탕, 버터, 물로 매우 심플하다. '다양한 식재료를 넣어 복잡하게 만드는 것이 아니라, 기본 레시피에 충실하게 만든다'고 가자마 셰프는 말한다.

먼저 무염버터 이외의 모든 재료를 믹서볼에 넣고 믹싱을 시작한다. 일반 강력분을 사용한 반죽에 비해 통밀가루를 넣은 반죽은 퍼지기 쉬우므로, 무엇보다 오버믹싱하지 않도록 주의한다.

저속으로 5분, 중·고속으로 5분 돌린 다음 무염버터를 넣고 다시 저속으로 3분, 고속으로 2분 돌린다.

'맛있는 빵을 만들기 위해서는 반죽을 충분히 믹싱해야 한다'는 것이 가자마 셰프의 설명이다. 또한 반죽온도를 26℃로 맞추고, 발효시킬 때 온도, 습도, 시간 관리를 철저히 하는 것도 매우 중요하다.

1차 발효는 작업성을 고려하여 발효기에 넣지 않고 실내에서 발효시키고, 1차 발효를 마친 다음 분할작업을 한다. 반죽 상태에 따라 분할 전에 펀치를 하기도 하지만, 1차 발효를 확실히 하면 펀치할 필요가 없다. 오히려 펀치를 하면 반죽이 손상될 수도 있어 하지 않는 것이 좋다고 한다.

통밀가루는 찰기가 적기 때문에 반죽을 너무 오래 휴지시키면 반죽이 퍼진다. 따라서 1차 발효와 휴지를 지나치게 오래 하지 않도록 주의해야 한다. 분할 · 둥글리기에서는 반죽이 손상되지 않게 조심해서 다루는 것이 중요하다.

천연버터를 바른 식빵틀에 반죽 3덩어리를 담고 온도 34℃, 습도 70%로 설정한 발효기에서 최종 발효를 한 다음, 윗불 220℃, 아랫불 230℃로 아랫불을 높게 설정한 오븐에서 약 50분 동안 굽는다.

완성된 '그레이엄 브레드'는 바삭하고 밀 알갱이가 씹히는 식감과 향을 즐길 수 있는 것이 가장 큰 매력이다. 당분은 3%로 단맛이 은은하게 느껴지는 정도.

버터와 궁합이 좋아 토스트해서 버터를 발라 먹어도 맛이 좋으며, 샌드위치에도 어울린다. 매장에서는 치즈, 연어, 참치 등의 속재료를 넣은 '그레이엄 샌드위치'를 판매하고 있다. 샌드위치 판매는 손님들에게 빵을 맛있게 먹는 방법을 알려주는 일이기도 하다.

그레이엄

맷돌로 직접 갈아서 만든 밀가루로
일본산 밀의 좋은 풍미를 살린 것이 특징

•

'농림61호'라는 이름으로 아이치[愛知]·기부[岐阜]·미에[三重] 지역에서 재배
한 밀가루를 직접 맷돌로 갈아서 사용한다. 촉촉하고 목넘김이 좋은 빵을 만들 수
있는 것이 특징. 샌드위치에도 잘 어울리고, 토스트하지 않아도 맛있다.

POINT

•

통밀가루 식빵.

•

일본산 밀을 매장에서 직접 갈아서 사용한다.

자가제분
통밀가루

장시간
굽기

그레이엄

>> RECIPE <<

배합

•

강력분(슈퍼킹) 60%

통밀가루(농림61호) 20%

강력분(슈퍼 카멜리아) 20%

생이스트 2%

소금 2%

설탕 6%

탈지분유 3%

버터 3%

물 54%

밑준비용 물 24%

믹서 · 오븐

•

믹서_ 브랜드 KEMPER

오븐_ 브랜드 FUJISAWA(프린스)

과정

•

밑준비

농림61호 통밀가루는

실내온도 10℃에서 준비한 물을 부어

18~24시간 둔 다음 사용한다.

믹싱

역방향 1분

정방향 4분

↓ (버터)

정방향 3분

속도2 2분 30초

반죽온도 24℃

1차 발효

온도 28℃, 습도 80%에서 60분

펀치 후 60분

분할

250g

휴지

20분

성형

바게트 몰더 1번 통과

원통모양으로 성형하여,

비용적(반죽 1g에 대해 필요한 팬 부피) 4.0인 식빵틀에

4덩어리를 넣는다.

최종 발효

온도 28~30℃, 습도 80%에서 60분

굽기

윗불 190℃, 아랫불 240℃에서 약 45분

가노 셰프는 빵을 만들 때 입안에서 잘 녹고 목넘김이 좋은 것을 중요시한다. 통밀가루를 만들기 위해 일본산 밀 농림61호를 선택한 것도 촉촉한 빵을 만들기 위해서이다. 이 밀을 매장에서 직접 맷돌로 갈아 목넘김이 좋은 통밀빵을 만든다. 개업 후 2년째부터 맷돌을 사용하는데, 맷돌로 갈면 제분회사에서 판매하는 밀가루보다 곱지는 않지만 완성된 빵의 목넘김이 더 좋아진다고 한다.

또한, 농림61호를 갈아서 만든 통밀가루에 '슈퍼 카멜리아'와 '슈퍼킹' 밀가루를 블렌딩하는데, 슈퍼 카멜리아는 고급스러움을 더해주고 슈퍼킹은 화려한 이미지를 더해주기 때문이다. 제분회사마다 상품 컨셉이 다르기 때문에, 가노 셰프는 그 컨셉을 이해하고 블렌딩해서 자신이 생각하는 반죽을 만들어간다고 한다.

'그레이엄'을 만들 때는 먼저 준비한 물에 통밀가루를 18~24시간 동안 담가두는 일부터 시작한다. 물에 담가두는 작업은 10℃ 정도의 서늘한 장소에서 한다.

농림61호는 아이치[愛知]·기부[岐阜]·미에[三重] 지역에서 재배한 밀로, 유럽산 통밀가루보다 단백질이 적고 단단하지 않으며, 알갱이가 남아 있는 느낌도 적은 것이 특징이다. 토스트하지 않아도 목넘김이 좋고, 샌드위치에도 잘 어울리는 통밀빵이 된다.

준비한 물에 담가두었던 통밀가루에 버터 이외의 재료를 모두 섞어서 믹서에 넣고 1분 동안 역방향으로 돌린다. 다시 정방향으로 4분 돌린 다음 버터를 넣고 다시 3분 돌리고, 계속해서 속도2로 2분 30초 돌린다. 반죽온도는 24℃로 맞춘다. 다른 식빵, 예를 들어 '하드토스트'의 반죽온도는 22.5~23℃인데 그레이엄의 반죽온도는 그것보다 조금 높다. 24℃는 일반적인 반죽온도보다 낮지만, <푸 프레칸테>에서는 높은 편에 속한다.

그레이엄은 통밀가루를 사용해서 반죽 자체에 이미 맛이 있기 때문에 반죽 완성 후에 1차 발효를 오래 하면 맛이 지나치게 진해지는 단점이 있다. 또한 1차 발효를 오래 하면 통밀빵 특유의 바삭바삭한 식감이 부족해진다. 그래서 반죽온도를 조금 높게 맞추고, 1차 발효는 다른 식빵보다 짧게 한다.

1차 발효는 60분 둔 다음 펀치를 1번 하고 다시 60분 둔다. 참고로 하드토스트는 '90분 → 펀치 1번 → 90분'으로 60분 더 길게 발효시킨다. 1차 발효를 마치면 1덩어리를 250g으로 분할해서 20분 휴지시킨다. 바게트용 몰더에 1번 통과시켜서 원통모양으로 만든 다음, 비용적 4.0의 틀에 4덩어리를 담아서 발효기에 넣는다.

구울 때는 윗불 190℃, 아랫불 240℃에서 45분 동안 구우면 촉촉하게 구워진다.

또한 분할할 때는 일반적인 스크레이퍼가 아니라 건축용 칼을 사용하는데, 반죽이 손상되지 않게 분할하기 위해 스크레이퍼보다 잘 잘라지는 도구를 사용하는 것이다.

<푸 프레칸테>에서는 커스터드크림을 비롯하여 카레빵의 카레, 미트파이의 미트소스 등도 직접 만들어서 사용한다. 데니쉬에 사용하는 마롱페이스트도 직접 만들고, 미트소스의 고기도 직접 다져서 사용한다. 모든 빵을 자신있게 제공하고, 어떤 재료를 사용하는지에 대한 손님의 질문에 자신있게 대답할 수 있는 상품만 만들고 싶다는 것이 가노 셰프가 고집하는 장인정신이다.

호 밀 빵

호밀가루의 단맛을 마지막까지
느낄 수 있는 천연효모 식빵

·

직접 배양한 건포도종을 사용해서 중종법으로 만든 호밀 식빵. 건포도종은 초기
단계에서 사용하여 신맛을 억제한 먹기 좋은 식빵으로 완성한다. 유지류 대신 올
리브페이스트를 사용하는 것도 특징이다.

POINT

·

호밀가루의 맛을 제대로 느낄 수 있는 제빵법.

·

유지류 대신 호밀가루와 궁합이 좋은 올리브페이스트를 사용한다.

호밀가루 사용
중종법
자연배양 천연효모

호밀빵

배 합

●

중종

밀가루(쇼와산업F) 30%

호밀가루 20%

물 45%

건포도종 3%*

●

본반죽

밀가루(쇼와산업F) 50%

게랑드 소금 2.3%

건포도종 4%

물 32%

올리브페이스트 5%

*건포도종

오일코팅을 하지 않은 유기농 건포도 400g, 흑설탕 100g, 물 750g, 꿀 40g을 섞어서 28℃ 발효기에 넣고 4~5일 발효시킨다.

믹서 · 오븐

●

믹서_ 버티컬 믹서(스파이럴 후크), 브랜드 AICOH

오븐_ 일반 오븐

과 정

●

중종

믹싱

속도1 5분

반죽온도 20℃

발효

18℃에서 6시간

4℃에서 12시간

●

본반죽

믹싱

속도1 3분

↓ (올리브페이스트)

속도2 5분

반죽온도 16℃

1차 발효

16℃에서 18~22시간

분할 · 둥글리기

400g

휴지

15분

성형

손으로 둥글려서 3덩어리가 들어가는 식빵틀에 넣는다.

최종 발효

온도 26℃, 습도 75%에서 3시간

굽기

윗불 180℃, 아랫불 22℃에서 45분

호밀가루를 사용하여 산뜻한 맛의 식빵을 만들고 싶었다는 모리오카 셰프. 손님들이 원하는 천연효모를 사용해서 장시간 발효시킨 반죽으로, 신맛이 적어서 먹기 좋은 호밀식빵을 개발하였다.

다 먹을 때까지 호밀의 단맛을 충분히 느낄 수 있는 것이 이 빵의 매력인데, 식사빵으로도 맛있지만 샌드위치에도 잘 어울린다. 샌드위치를 만들 때는 해산물 속재료와 궁합이 잘 맞는다.

이스트는 전혀 사용하지 않으며, 천연효모만으로 발효시켰을 때의 불안정성은 중종법으로 보완한다. 중종의 재료는 '쇼와산업F' 밀가루 30%와 곱게 간 호밀가루 20%, 자가배양한 건포도종, 물이다. 이 재료들을 섞어서 속도1로 5분 돌리고 20시간 발효시켜서 만든다. 믹싱은 모든 재료가 골고루 섞이면 되므로, 믹서가 아니라 고무주걱 등으로 덩어리가 생기지 않도록 섞어도 좋다. 발효는 18℃에서 6시간, 온도를 4℃로 내려서 12시간 동안 천천히 발효시킨다.

호밀가루 배합을 20%로 정한 가장 큰 이유는 호밀가루의 성질을 고려했기 때문이다. <도라야 베이커리>의 호밀빵은 흡수율이 84%로 매우 높은데, 호밀은 수분을 유지하는 힘이 강하므로 20% 이상 배합하면 아무래도 반죽에 수분이 너무 많아져서 씹는 느낌이 나빠지고 끈적한 식감이 되기 때문이다.

천연효모는 자가배양한 건포도종을 사용한다. 오일코팅을 하지 않은 건포도를 골라서 흑설탕, 꿀, 물을 섞은 다음 28℃ 발효기에 넣고 4~5일 그대로 둔다. 거품이 많이 생기면 사용할 수 있는데, 시기에 따라 3일~1주일 정도 걸리므로 상태를 보면서 조절하는 것이 중요하다. 보관은 냉장고에서 1주일 정도 보관할 수 있다. 또한 건포도종을 넣은 중종은 밀가루를 더 넣지 않고 초기 단계에서 사용하여, 호밀가루를 넣은 효모 특유의 신맛이 나지 않게 하였다.

본반죽의 특징은 유지류 대신 올리브페이스트를 사용한 것이다. 올리브는 호밀가루와 궁합이 잘 맞고 반죽에도 잘 섞여서 사용하기 좋다.

밀가루, 소금, 건포도종, 물을 믹서볼에 넣고 속도1로 3분 동안 돌린다. 계속해서 올리브페이스트를 넣고 속도2로 5분 돌려서 총 8분 동안 믹싱하여 단시간에 완성한다. 천연효모를 사용하기 때문에 반죽온도는 16℃로 낮게 조절한다. 이 온도를 유지하면서 18~22시간 동안 천천히 1차 발효를 한다. 이러한 시간 관리가 빵의 질을 좌우하는 중요한 요소가 된다.

발효가 끝나면 400g씩 분할하여 휴지시킨 다음 성형을 시작한다. 성형할 때는 반죽이 퍼지는 것을 막기 위해 가운데에 심을 만들듯이 누르면서 둥글린다. 단, 반죽이 잘 끊어지므로 조심스럽게 작업해야 한다. 최종 발효는 온도 26℃, 습도 75%로 설정한 발효기에서 3시간 동안 발효시킨다. 발효시간이 길기 때문에 성형할 때 단단한 심을 만드는 느낌으로 둥글려야 한다.

굽기 전에 반죽 덩어리 위에 칼집을 1개씩 넣는데, 이것은 이스트를 사용하지 않고 천연효모만으로 만들어서 오래 발효시켜도 오븐 스프링이 잘 일어나지 않기 때문에 반죽이 잘 부풀어 오르도록 칼집을 넣는 것이다.

p.101에서 설명한 것처럼 오븐 내부의 천정이 낮으면 윗불 180℃, 아랫불 220℃로 윗불을 낮게 설정하고 45분 동안 굽는다.

가바브레드

•

건강을 생각하는 식빵이 많아지는 가운데, 쌀겨나 배아에 함유된 아미노산의 일종
인 '가바(GABA)'의 고운 가루를 섞어서 새롭게 만든 것이 '가바 브레드'이다. 쌀겨
냄새는 라드 등으로 보완하여 먹기 좋게 완성하였다.

POINT

•

아미노산의 일종인 가바(GABA) 가루를 넣는다.

•

건강에 좋은 식빵이므로 염분이나 당분을 줄인다.

염분, 당분
억제
가바가루
사용

가바브레드

>> RECIPE <<

배 합

•

강력분(벨 물랭) 95%

가바200 5%

사프 인스턴트드라이이스트 0.8%

소금 1.8%

그래뉴당 1%

라드 5%

우유 8%

물 76%

과 정

•

믹싱

저속 2분, 고속 2분

↓ (라드)

저속 1분, 고속 2분

반죽온도 26℃

1차 발효

상온(빵 트레이에 넣고 뚜껑을 덮는다)에서 60분

분할

90g

휴지

30분

성형

손으로 둥글려서 파운드틀(보통보다 큰 것)에

4덩어리를 넣는다.

최종 발효

온도 38℃, 습도 70~75%에서 1시간

굽기

윗불 215℃, 아랫불 230℃에서 처음에 스팀을 넣고 25분

믹서 · 오븐

•

믹서_ 스파이럴 믹서, 브랜드 KEMPER

오븐_ 일반 오븐, 브랜드 BONGARD

<불랑주리 라 세종>에서는 손님이 요청하면 가능한 한 받아들이는 것을 원칙으로 한다. 또한 손님의 의견에 귀 기울여서 얻은 아이디어를 바탕으로 매달 신제품을 만들고 있다.

그중 '건강한 빵'에 대한 요청은 예전부터 많았기 때문에 사이조 셰프는 항상 빵에 사용할 새롭고 건강한 식재료를 찾고 있었다고 한다.

그때 우연히 알게 된 것이 '가바(GABA)'이다. 가바는 쌀겨와 배아에 많이 함유된 감마아미노낙산이라는 아미노산의 일종으로, 최근 건강에 대해 관심이 많아진 사람들에게 주목받고 있으며 기능성 식품도 많이 나오고 있다. 그래서 영양가가 높은 '가바'를 사용한 빵을 만들어 보자고 생각한 것이 계기가 되어 이 빵을 만들게 되었다. 또한 가바를 빵에 사용하는 가게가 아직 많지 않기 때문에 새롭고 차별화된 빵으로 시선을 끌 수 있을 것이라고 생각하였다.

사이조 셰프가 영업자에게서 소개받은 것은 쌀겨와 배아 부분만 곱게 간 '가바200'인데, 처음에 시행착오를 겪은 것은 이 '가바200'의 배합 때문이었다. 20% 정도에서 시작하였는데 쌀겨 냄새가 많이 나서 조금씩 배합을 줄이다가 최종적으로 5%로도 고소한 현미가바의 특징을 충분히 살릴 수 있었기 때문에 이 배합으로 결정하게 되었다고 한다.

이렇게 해서 강력분 95%에 현미가바 5%를 배합하기로 결정하였고, 강력분은 마루신제분의 강력분 '벨 물랭'을 선택하였다. 벨 물랭은 품질이 좋고 가격도 안정적이어서 다른 식빵에도 이 밀가루를 사용하고 있다.

재료 배합의 특징은 염분과 당분을 줄인 것인데, 건강한 빵을 만들기 위해 소금은 1.8%, 그래뉴당은 1%로 줄였다. 또한 기본 '식빵'에서는 밀의 풍미에 방해가 되지 않도록 유지류로 쇼트닝을 사용했지만, 가바브레드에는 라드를 사용한다.

'버터나 마가린은 잘 어울리지 않았고, 쇼트닝은 인상적인 맛이 없었다. 라드를 사용해보니 궁합이 좋아서 라드를 사용하게 되었다'는 것이 사이조 셰프의 설명이다. 게다가 고소한 풍미와 진한 라드 맛이 잘 어울려서, 빵에 깊은 맛이 나는 동시에 쌀겨 냄새를 줄이는 효과도 있다고 한다.

만드는 방법은 기본 '식빵'과 마찬가지로 정통적인 스트레이트법이다. 스파이럴 믹서에 넣고 저속으로 2분, 고속으로 2분 돌린 다음, 라드를 넣고 다시 저속으로 1분, 고속으로 2분 돌린다. 믹싱시간이 조금 짧지만 반죽은 충분히 완성된다. 그 후, 상온에서 60분 발효시키고 펀치를 하지 않고 분할한다. 맛이 조금 강한 빵이므로 1덩어리가 90g이 되게 작게 분할하고 파운드틀에 4덩어리(360g)를 넣어 굽는다.

완성된 가바브레드는 이스트를 적게 사용하고 펀치도 하지 않고 구웠기 때문에, 결이 곱고 묵직한 빵이 된다. 씹을 때마다 현미 맛이 입안에 퍼지는 것이 매력이다.

또한 이 빵은 가장자리에 껍질이 확실히 생겨서 얇게 자르기 좋고, 속이 촉촉하기 때문에 속재료를 넣기에도 좋아서 샌드위치용으로도 안성맞춤이라는 것이 사이조 셰프의 설명이다.

수제 샌드위치에도 사용하는데, 특히 포테이토샐러드를 넣은 샌드위치는 <불랑주리 라 세종>의 인기상품이다. 손님한테 상품을 설명할 때도 샌드위치를 만들어 먹으면 맛있다고 추천하는 식빵이다.

다이치노메구미

르뱅 리퀴드를 효과적으로 사용하여
축촉하고 감칠맛 있는 잡곡빵으로

•

'잡곡을 넣어도 먹기 좋은 식빵'을 테마로 만든 빵이다. 하드계열의 빵에 주로 사용하는 직접 만든 르뱅 리퀴드를 넣어서, 맛있는 잡곡식빵을 완성한다. 발아현미 알갱이가 씹히는 느낌이 악센트가 되어, 기존의 식빵과 다른 새로운 매력이 있다.

POINT

•

10종류의 잡곡과 발아현미를 넣어 만든 건강에 좋은 빵.

•

부드러워서 누구나 먹기 좋은 잡곡식빵이 목표.

발아현미
사용
잡곡
사용

다이치노메구미

>> RECIPE <<

배 합

•

강력분(세이버리) 80%

잡곡가루(멀티시리얼D25S) 20%

르뱅 퀴드 10%

생이스트 2%

품질개량제(퓨어 내추럴 아오이) 0.1%

소금(시마마스) 2%

삼온당 4%

무염버터 5%

물 65%

발아현미 25%

참깨(토핑용) 적당량

* 르뱅 리퀴드 만드는 방법

01 통호밀가루 20g과 물 20g을 섞은 다음 상온(27℃)에서 3일 동안 그대로 둔다.

02 01에 통호밀가루 70g과 30℃ 온수 40g을 넣고 상온에서 24시간 동안 그대로 둔다.

03 02의 발효종 150g과 리스도르 300g, 27℃ 온수 140g을 섞어서 12시간 동안 그대로 둔다.

04 03이 1.5~2배로 부풀면 리스도르 1680g과 24℃ 온수 3400g을 넣고 12시간 발효시킨다(1.5~2배로 부풀지 않으면 과정 3을 다시 반복한다).

05 04가 2배가 되면 15℃ 냉장고에 12시간 동안 넣어둔다.

과 정

•

믹싱

저속 3분, 중저속 5분, 중고속 3분

↓ (무염버터)

중저속 4분, 중고속 2분

↓ (발아현미)

중저속 1분

반죽온도 26.5℃

1차 발효

온도 27℃, 습도 78%에서 50분

플로어타임

펀치 후 상온에서 20분

분할 250g

휴지 20분

성형

몰더 2번 통과

6덩어리가 들어가는 식빵틀에 넣는다.

최종 발효

온도 36℃, 습도 75%에서 50분

굽기

참깨를 위에 뿌리고

윗불 190℃, 아랫불 230℃에서 42~43분

믹서 · 오븐

•

믹서_ 버티컬 믹서, 브랜드 KANTO

오븐_ 전기오븐, 브랜드 TOKYO KOTOBUKI INDUSTRY

오픈할 때부터 만들어온 '다이치노메구미'는 잡곡과 발아현미를 넣은 잡곡식빵이다. 잡곡을 넣은 빵이라고 하면 독일빵처럼 딱딱하고 신맛이 있는 빵을 생각하는 경우가 많은데, 고다마 셰프는 그런 이미지를 없애고 몸에 좋은 잡곡빵을 매일 맛있게 먹을 수 있도록 이 빵을 개발하게 되었다고 한다.

고다마 셰프가 선택한 잡곡가루는 네덜란드산 '멀티시리얼D25S'이다. 10종류의 잡곡이 들어있는 혼합가루로, 호밀가루, 오트밀 프레이크, 해바라기씨, 대두 프레이크, 아마씨, 밀기울, 오트밀 껍질, 맷돌로 굵게 간 옥수수, 참깨, 맷돌로 굵게 간 대두가 들어 있다. 다양한 잡곡이 균형 있게 섞여 있어서, 각각의 잡곡이 갖고 있는 다양한 맛을 즐길 수 있다. 이 '멀티시리얼D25S'를 20% 배합한다. 매일 먹는 빵이므로 잡곡이 너무 많으면 먹기 힘들기 때문이다.

베이스가 되는 강력분 '세이버리'는 단백질과 회분이 풍부한 밀가루이다. 미네랄이 많아서 밀가루에 감칠맛이 있고, 단백질이 많아서 오븐 스프링이 잘 일어나기 때문에 이 밀가루를 선택하였다.

또한 '발아현미'를 넣는 것도 특징인데, 건강에 좋은 식재료로 널리 알려진 발아현미를 사용하여 몸에 좋은 식빵이라는 이미지를 강조하였다.

건강에 좋을 뿐 아니라 맛도 좋은 잡곡식빵을 만들기까지는 여러 가지 어려움이 있었다.

고다마 셰프는 '감칠맛과 향이 있고 적당히 부드러운 빵을 만들려면 어떤 방법이 좋을지 고민한 결과, 르뱅 리퀴드를 넣게 되었다'고 한다. 통호밀가루를 넣고 1주일 동안 배양해서 만드는 르뱅 리퀴드는 하드계열 빵에 주로 사용하는데, 이것을 10% 넣으면 볼륨감이 증가하는 동시에 특유의 감칠맛이 생긴다.

르뱅 리퀴드를 사용하면 발효력이 높아지고 특히 세로로 팽창하는 힘이 강해진다. 또한 반죽의 보습성도 좋아져서 잡곡을 넣어도 퍼석거리지 않고 촉촉함을 유지할 수 있다고 한다.

일반 식빵에 르뱅 리퀴드를 사용하면 아무래도 특유의 냄새가 나기 마련인데, 이 빵의 경우에는 잡곡의 풍미로 발효취가 어느 정도 억제되어서 르뱅의 감칠맛과 촉촉함을 효과적으로 이용하는 데 성공하였다.

이 빵은 스트레이트법으로 만든다. 유지류와 발아현미 이외의 재료를 버티컬 믹서에 넣고 저속으로 3분, 중저속으로 5분, 중고속으로 3분 동안 돌려서 충분히 믹싱한다. 여기서 반죽이 80% 정도 완성된다. 그 후 버터를 넣고 다시 중저속으로 4분, 중고속으로 2분 돌린 다음, 발아현미를 넣는다. 발아현미는 진공팩으로 포장된 것을 사용하는데, 알갱이가 남아 있도록 마지막에 넣고 반죽과 살짝 섞은 다음 중저속으로 1분 동안 돌리면 완성된다.

믹싱이 끝나면 발효기에 넣고 50분 동안 1차 발효를 한다. 여기서 확실히 발효시키면 이후에도 반죽이 안정된다. 그리고 반죽에 힘을 주고 가볍고 부드러운 식감을 만들기 위해 펀치를 하고, 끝나면 분할해서 휴지시킨 다음 성형과 최종 발효를 진행하고 마지막에 참깨를 뿌려서 굽는다.

잡곡을 20% 블렌딩했기 때문에 잡곡의 맛이 확실히 느껴지면서, 촉촉하고 부드러운 식감도 즐길 수 있다. 고다마 셰프가 목표로 삼은 건강한 잡곡식빵의 완성이다.

흑설탕과 건포도

먹어본 적 없는 신기한 식감과
대나무 숯으로 만든 검은색의 매력

·

새까만 색깔이 강한 인상을 주는 식빵. 대나무숯과 흑설탕 등 미네랄이 풍부한 식재료로 만든 반죽에 럼주와 소주에 절인 살타나건포도를 섞어서 구웠다. 놀라울 정도로 바삭한 식감을 즐길 수 있다.

POINT

·

검은색을 내기 위해 대나무숯을 사용한다.

·

바삭한 식감을 즐길 수 있는 식빵.

·

미네랄이 풍부한 식재료를 사용한다.

흑설탕
건포도
사용
돌가마
장시간
발효

흑설탕과 건포도

배합

●

강력분(골든맘모스) **70%**

박력분(바이올렛) **30%**

세미드라이이스트 **3%**

소금 **2%**

흑설탕 **10%**

E.V.올리브오일 **4%**

식용 대나무숯 **1%**

살타나건포도 **30%**

물 **62~64%**

과정

●

믹싱

저속 **5분**, 중속 **1분**

↓ (E.V.올리브오일)

저속 **5분**

↓ (살타나건포도)

반죽온도 **20~22℃**

1차 발효

온도 약 **27℃**, 습도 **45%**에서 **90분**

중간에 펀치 **1번**

플로어타임

상온에서 **45분**

분할 · 둥글리기

200g

휴지

30~45분

성형

손으로 둥글려서 **4**덩어리가 들어가는 식빵틀에 넣는다.

최종 발효

온도 약 **27℃**, 습도 **45%**에서 **45~60분**

굽기

240℃에서 **25분**

믹서 · 오븐

●

믹서_ 버티컬 믹서, 브랜드 KANTO

오븐_ 돌가마, 브랜드 KUSHIZAWA

<table>
<tr><td valign="top" align="center">

"

**재료 선택의
키워드는
풍부한
미네랄**

"

</td><td>

검은색이 강렬한 '흑설탕과 건포도'는 오키나와산 흑설탕과 캘리포니아산 살타나건포도를 넣어 만든 식빵이다.

식빵 메뉴를 더 다양하게 늘리고, 미네랄 성분이 풍부한 식빵을 만들기 위해 식용 대나무숯을 넣은 검은색 식빵을 만들었다는 <팡야키비토>의 야스이 셰프. 빵에 미네랄을 보충하는 것은 매장의 모든 빵에 식품첨가물을 전혀 사용하지 않아 반죽온도를 낮게 설정해서 미네랄 없이는 발효가 진행되지 않기 때문이다. 그래서 베트남의 '칸호아 소금'을 비롯하여 '흑설탕'이나 '대나무숯' 등 미네랄 성분이 풍부한 재료를

</td></tr>
</table>

일부러 선택했다고 한다.

반대로 물은 미네랄 성분이 함유되지 않은 알칼리이온수를 사용한다. 빵의 풍미를 잘 살리기 위해서는 알칼리이온수가 적당하기 때문이다. 그 대신 소금이나 설탕 등으로 미네랄을 보충한다.

p.166에서 소개하는 '호두와 캐러멜'도 같은 종류의 식빵이므로 사용하는 밀가루의 배합도 같다. 돌가마에 잘 맞는 밀가루를 찾기 위해 여러 가지로 시험해본 다음, 다이이치제분의 '골든맘모스' 밀가루와 닛신제분의 '바이올렛'을 선택했다. 2가지 식빵 모두 스트레이트법으로 만들지만, 반죽에 넣는 재료 등 밀가루 이외의 재료가 서로 다르다.

'버터를 1, 2%라도 넣으면 풍미 때문에 방해가 되므로 밀의 맛과 향을 최대한 살리기 위해 넣지 않는다'고 야스이 셰프는 설명한다. 또한 식물성 빵을 만드는 데 동물성 식재료를 넣을 필요가 없다고 생각하기 때문에 버터를 사용하지 않는다. 대신, 반죽이 잘 되고 향이 연한 이탈리아산 엑스트라버진 올리브오일을 사용한다.

<table>
<tr><td valign="top" align="center">

"

**믹싱은 줄이고
장시간 발효로
반죽을
완성한다**

"

</td><td>

다른 재료와 잘 섞이지 않는 대나무숯 때문에 균형이 깨지는 것을 막기 위해, 믹싱 전에 2종류의 밀가루와 세미드라이이스트, 소금, 흑설탕, 대나무숯을 믹서볼에 넣은 다음 그대로 3분 정도 돌린다. 대나무숯과 흑설탕은 덩어리지기 쉬우므로 고르게 섞였는지 확인한 다음, 물을 넣고 믹싱을 시작한다. 저속으로 5분, 중속으로 1분 돌린 다음 엑스트라버진 올리브오일을 넣고 다시 저속으로 5분 돌린다. 살타나건포도는 약 1주일 동안 럼주에 절인 다음 사용하기 2~3시간 전에 기카이[喜界]섬 소주에 절여서 넣고 섞으면 OK.

</td></tr>
</table>

믹싱을 오래 하지 않는, 즉 반죽을 지나치게 치대지 않는 것은 식빵뿐 아니라 <팡야키비토>의 모든 빵을 만들 때 해당하는 중요한 포인트이다. 반죽을 너무 많이 치대면 반죽에 열이 생겨서 향이 날아가거나 반죽 손상의 원인이 된다. 회전속도가 빠르면 반죽온도가 올라가기 쉬우므로 고속 믹서를 사용하지 않는 것도 같은 이유이다. 반죽온도는 20~22℃로 낮게 조절한다. 반죽을 많이 치대지 않고, 반죽온도는 낮게 조절하며, 장시간 발효시켜서 숙성시키는 방법으로 만든다. 이 방법 때문에 일반적인 믹싱에서는 85~90% 생기는 글루텐이 70% 정도로 적게 생긴다. 그래서 1차 발효 중에 반죽 상태를 보면서 1번 또는 2번 펀치해서 글루텐을 보충한다.

윗불, 아랫불을 설정할 필요 없는 돌가마로 구우면 불이 고르게 닿아서 약 25분이면 빵이 완성된다. 대나무숯을 넣는 것과 넣지 않는 것은 구웠을 때 차이가 나며, 자연스럽게 생기는 특유의 바삭한 식감은 이 식빵의 큰 특징이다. 건포도를 알코올 성분으로 절였기 때문에 오래 보관할 수 있다.

믹스빈즈와 베이컨치즈 '두유 팽 드 미'

바쁜 현대인을 위해 만든
속재료가 풍부하고 몸에도 좋은 식빵

•

유기농 콩으로 만든 두유가 들어간 반죽에 3종류의 콩과 베이컨, 치즈를 넣어서
포만감이 느껴지는 식빵. 콩과 두유를 사용해서 건강에도 좋다. 속재료와 잘 어우
러지는 빵이 되도록 중종법을 사용한다.

POINT

•

가수율이 높은 고급빵을 만드는 밀가루를 사용한다.

•

두유를 넣은 반죽이 베이스.

•

영양 밸런스를 맞춰서 식사대용으로도 좋은 식빵.

콩 3종류
베이컨
치즈 사용
두유
사용
중종법

믹스빈즈와 베이컨치즈 '두유 팡 드 미'

>> RECIPE <<

배합

•

중종

강력분(벨 물랭) 40%

인스턴트드라이이스트 1.8%

상백당 10%

달걀 20%

물 25%

•

본반죽

강력분(벨 물랭) 60%

소금 2%

설탕 3%

발효버터 6%

무첨가 쇼트닝 2%

두유 35%

•

속재료(반죽 460g 기준)

병아리콩＋완두콩＋붉은 강낭콩 110g

치즈 적당량

슬라이스 베이컨 2장

믹서 · 오븐

•

믹서_ 버티컬 믹서(스파이럴 후크), 브랜드 AICOH

오븐_ 일반 오븐, 브랜드 MIWE

과정

•

중종

믹싱

재료를 볼에 넣고 손으로 반죽한다.

반죽온도 30℃

플로어타임

상온(25℃ 전후)에서 약 1시간

•

본반죽

믹싱

속도1 2분, 속도2 5분

↓ (발효버터, 무첨가 쇼트닝)

속도2 5분

반죽온도 26℃

1차 발효

상온에서 30분

분할 · 둥글리기

460g

휴지

30분

성형

밀대로 밀어서 속재료를 올리고 만 다음,

크기에 맞는 식빵틀에 넣는다.

최종 발효

온도 30℃, 습도 85%에서 50분

굽기

윗불 200℃, 아랫불 210℃에서 35분

'두유 팽 드 미'는 두유를 넣은 반죽에 다양한 속재료를 넣은 식사빵이다.

'매일매일 바쁘게 지내는 샐러리맨을 비롯한 많은 사람들이 조금이라도 몸에 좋은 빵을 먹었으면 좋겠다는 생각에서 개발하게 되었다'는 것이 <푸앵타주> 나카가와 기요아키 셰프의 설명이다. 다양한 속재료로 영양분을 보충하고 포만감도 느껴져서, 식사대용으로 먹을 수 있는 식빵을 목표로 만들었다. 유기농 대두로 만든 두유를 넣은 것은 식사용 식빵으로 영양적인 면을 고려하고, 조금 색다른 빵을 만들기 위해서이다. 지금은 '단바[丹波]의 검은 콩', '고구마와 블루베리'의 2종류와 여기서 소개한 '믹스빈즈와 베이컨치즈'까지 모두 3종류의 두유 팽 드 미를 만들고 있다.

두유 팽 드 미는 중종법으로 만든 빵이다. p.8의 '사각식빵'의 설명처럼, 믹싱할 때 버터를 넣는 타이밍이 중요한 스트레이트법과는 달리, 중종법은 타이밍이 어긋나도 완성도에 큰 영향을 주지 않는다. 축 처지지 않고 단단한 반죽이 만들어지기 때문에 좀 더 오래 보관할 수 있다는 장점도 있다. 또한 여러 재료를 올려서 말기 때문에, 실패가 적고 안정적으로 만들 수 있는 중종법을 선택하였다.

본반죽과 중종을 준비할 때 사용하는 밀가루는 마루신제분의 강력분 '벨 물랭'이다. 품질이 좋은 밀로 만들기 때문에 맛과 향이 좋을 뿐 아니라, 오븐 스프링이 잘 일어나고 볼륨감 있는 빵을 구울 수 있어서 1년 전부터 사용하고 있다. 뿐만 아니라 일반 밀가루에 비해 노화가 늦어서 3일이 지나도 퍼석해지지 않으며, 글루텐이 많지만 촉촉하게 구워지고, 작업하기도 편해서 안정적으로 빵을 만들 수 있다.

본반죽에 들어가기 전에 먼저 중종을 준비한다. 벨 물랭 40%, 인스턴트드라이이스트, 상백당, 달걀, 물을 볼에 넣고 손으로 반죽한다. 잘 반죽한 다음 약 1시간 상온(25℃ 전후)에 그대로 둔다.

본반죽은 벨 물랭 60%, 두유, 중종, 소금, 설탕을 믹서볼에 넣고 믹싱한다. 속도1로 2분, 속도2로 5분 돌린 다음, 발효버터와 무첨가 쇼트닝(트랜스지방산 사용 안 함)을 넣고 다시 속도2로 5분 돌린다.

사각식빵(p.8)과 달리 1차 발효는 27℃ 전후의 실내에서 상온 발효시킨다. 발효상태에 따라 다르지만 반죽에 중종을 넣었기 때문에 발효기를 사용하지 않아도 발효력이 충분하기 때문이다. 중종을 넣어 충분히 발효시키므로 펀치는 필요없다.

발효가 끝난 반죽을 460g으로 분할한 다음, 반죽을 둥글려서 30분 휴지시킨다. 밀대로 밀어서 속재료를 올리고 만 다음, 460g짜리 1덩어리가 들어가는 식빵틀에 넣고 발효기로 옮겨서 최종 발효를 한다. 사각식빵과 같은 온도, 습도에서 약 50분 동안 발효시킨다. 구울 때도 같은 온도로 설정해서 전기오븐에 넣고 약 35분 동안 굽는다.

속재료는 병아리콩, 완두콩, 붉은 강낭콩이 섞여 있는 믹스빈즈와 베이컨, 치즈인데, 식사용이기 때문에 콩은 모두 단맛이 없는 것을 선택하였다. 모양이 변하지 않도록 반죽에 넣지 않고 완성된 반죽 위에 올려서 돌돌 말아 넣고 굽는다.

호두와 캐러멜

캐러멜 누가와 호두로
은은하게 단맛을 낸 식사빵이자 간식빵

•

케이크나 비스킷 등에 사용하는 캐러멜 누가를 식빵에 응용하였다. 최고급 캘리포
니아산 호두를 밀가루 분량의 50%나 넣어서 고소하다. 호두를 사용한 빵 중에서
셰프가 특히 마음에 들어하는 제품이다.

POINT

•

밀가루 향이 잘 살도록 천연효모를 사용한다.

•

간식으로도 좋은 캐러멜 누가를 넣는다.

•

미네랄이 풍부한 식재료를 사용한다.

캐러멜 누가
사용
천연효모
돌가마

호두와 캐러멜

>> RECIPE <<

배합

•

강력분(골든맘모스) 70%

박력분(바이올렛) 30%

천연효모 3%

소금 2%

삼온당 6%

달걀 15%

캐러멜 누가* 밀가루 2kg에 아래 분량 전체

캐러멜 조금

*캐러멜 누가 만드는 방법

01 냄비에 약간의 물과 삼온당 300g을 넣고 가열한다.
살짝 진한 갈색이 되면 불을 끈다.

02 **01**에 생크림(유지방 38%) 200g을 3번에 나눠서 넣으
면서 섞는다. 식기 전에 무염버터 200g을 넣고 녹인다.

03 **02**의 캐러멜이 완성되는 타이밍에 맞춰서 호두 1kg을
돌가마에 넣고 굽는다.

04 캐러멜이 따뜻할 때 호두를 넣고 골고루 섞어서 완성.
상온에서 천천히 식혀 사용한다.

과정

•

믹싱

저속 3분, 중속 5~6분

↓ (캐러멜 누가)

저속 5분

반죽온도 20~22℃

1차 발효

온도 약 27℃, 습도 45%에서 90분

중간에 펀치 여러 번

플로어타임

펀치 후 상온에서 30분

분할 · 둥글리기

400g

휴지

20~30분

성형

밀대로 롤모양으로 말고 크기에 맞는 식빵틀에 담는다.

최종 발효

온도 약 27℃, 습도 45%에서 40분

굽기

240℃에서 20분

믹서 · 오븐

•

믹서_ 버티컬 믹서, 브랜드 KANTO

오븐_ 돌가마, 브랜드 KUSHIZAWA

> **호두를
> 듬뿍 넣은
> 캐러멜 풍미의
> 식빵**

돌가마에 구운 약 70종류의 빵을 매장 앞에 진열하는 <팡야키비토>. '호두와 캐러멜'은 호두가 들어 있는 캐러멜 과자인 캐러멜 누가를 넣고 만든 식빵이다.

사용하는 밀가루의 배합과 제빵법은 p.161에서 소개한 '흑설탕과 건포도' 식빵과 동일하다.

특별한 점은 최고급 캘리포니아산 호두를 밀가루 분량의 50%나 사용한다는 것이다. 호두의 고소한 맛이 이 빵의 특징 중 하나이기 때문이다.

또한 밀가루 향을 잘 살리기 위해 효모는 향이 부드럽고 발효력이 좋은 천연효모를 사용한다. '흑설탕과 건포도' 식빵과 달리 달걀과 우유는 넣고 엑스트라버진 올리브오일은 넣지 않는다. 캐러멜 누가에 무염버터와 생크림을 사용하기 때문에, 건강을 생각해서 유지류를 더 이상 넣지 않는 것이다.

> **캐러멜 누가
> 만들기가
> 완성도를
> 결정한다**

빵 반죽 이상으로 손이 많이 가는 것이 캐러멜 누가 만들기이다. 만드는 방법은 냄비에 물과 설탕을 넣고 가열하다가 살짝 진한 갈색이 되면 불을 끈다. 생크림을 3번에 나눠 넣으면서 섞은 다음 식기 전에 무염버터를 넣고 녹인다. 캐러멜이 완성되는 타이밍에 맞춰 호두를 돌가마에 구운 다음, 캐러멜이 아직 따뜻할 때 호두를 넣고 섞어서 완성한다.

완전히 식지 않은 캐러멜 누가를 반죽에 섞으면 반죽이 덩어리진다. 그렇다고 냉장고에 넣어서 식히면 안 되고 상온에서 천천히 식혀야 한다.

믹서볼에 2종류의 밀가루, 천연효모, 소금, 삼온당, 달걀, 우유를 넣고 믹싱한다. 저속으로 3분, 중속으로 5~6분 돌린 다음, 캐러멜 누가를 넣고 다시 저속으로 5분 돌린다. 이때 믹싱이 부족하면 다시 중속으로 2분 돌린다.

믹싱이 끝나면 90분 동안 1차 발효를 하면서 중간에 반죽 상태에 따라 펀치를 몇 번 한다. 반죽이 마르는 것을 막기 위해 1차 발효와 최종 발효는 발효기에 넣고 하는데, 이때 반죽에 열이 전달되지 않게 해야 한다. 반죽에 열이 가해지면 향이 날아가기 때문이다. <팡야키비토>에서는 아침에 1번 발효기에 증기를 채우고 그 다음에는 스위치를 켜지 않는다.

1차 발효 후에 30분 정도 반죽을 둔 다음 분할·둥글리기를 하고 휴지시킨다. 성형할 때는 밀대를 사용하여 반죽을 밀고 캐러멜을 발라서 롤모양으로 만다. 여기서 캐러멜은 캐러멜 파우더에 물을 넣어 묽게 만든 것이다. 식빵을 비닐봉투에 넣어 판매하기 때문에, 구운 단면이 보기 좋게 소용돌이모양이 되도록 캐러멜을 바른다.

최종 발효를 마친 다음 돌가마에 넣고 굽는다. 매장에서 사용하는 돌가마는 구시자와 전기제작소에서 만든 1호 가마이다. 돌가마는 계속 사용할수록 돌 속에 포함되어 있는 수분이 빠져나가 가마의 상태가 안정된다. 야스이 셰프는 이 가마로 제대로 된 빵을 굽기까지 2년이 걸렸다고 한다.

냉장고와 발효기의 용량이 정해져 있어서 빵 준비는 제품별로 2kg까지 가능하다. 갓 구운 빵은 효모가 남아 있어 빵 본래의 맛이 느껴지지 않고 숙성시켜야 더 맛이 좋아지기 때문에 하루가 지난 식빵을 매장에 진열한다.

이 식빵은 캐러멜을 넣어서 은은한 단맛이 있으며 식사빵은 물론 간식빵으로도 좋다. 토스트해서 먹거나 그대로 먹어도 맛있다.

푸앵타주(Pointage)

베이커리 셰프인 형 나카가와 기요아키와 키친 셰프인 동생 나카가와 에이지 형제가 경영하는 베이커리카페 & 레스토랑. 여러 가지 빵과 빵에 어울리는 델리메뉴도 있다.

주소 도쿄도 미나토구 아자부주반 3-3-10 [東京都 港区 麻布十番 3-3-10]
전화 03-5445-4707
영업시간 10시~23시
휴일 월요일, 첫째 · 셋째 화요일
http://pointage-azabu10ban.com

008 사각식빵
162 믹스빈즈와 베이컨치즈 '두유 팽 드 미'

불랑주리 오베르뉴(Boulangerie Auvergne)

<비고의 가게>, <돈크> 등에서 경험을 쌓은 이노우에 가쓰야가 도쿄 가쓰시카구에 2003년 11월에 오픈한 빵집. 정통 하드계열의 빵을 비롯하여 비에누아즈리와 식빵 등이 유명하다.

주소 도쿄 가쓰시카구 다테이시 6-5-7 [東京都 葛飾区 立石 6-5-7]
전화 03-3691-5102
영업시간 7시~19시
휴일 연중무휴
http://auvergne.jp/

016 팽 카레
118 매니토바 브레드

불랑주리 라 세종(Boulangerie la Saison)

유럽의 거리에서 볼 수 있는 것처럼 지역에 뿌리내린 베이커리를 목표로, 2004년 6월에 오픈하였다. 식빵이나 하드계열의 빵 외에 과자빵 등 다양한 빵이 있다.

주소 도쿄도 시부야구 요요기 4-6-4 엑설런트 요요기 1층 [東京都 渋谷区 代々木 4-6-4 エクセレント代々木 1F]
전화 03-3320-3363
영업시간 6시 30분~20시 30분
(월요일은 7시 30분까지)
휴일 미정
http://www.la-saison.jp/

024 식빵   **150** 가바브레드

베이커리 카페 므슈 이방(Monsieur Ivan)

2006년에 오픈하였다. 유명 호텔 베이커리에서 오랫동안 활동한 오구라 셰프가 전통적인 제빵법에 새로운 아이디어를 더해 독창적인 빵을 만든다. 가게 안에 카페도 있다.

주소 도쿄도 다치카와시 와카바초 1-7-1 와카바케야키몰 내 [東京都 立川市 若葉町 1-7-1 若葉ケヤキモール内]
전화 042-538-7233
영업시간 8시~18시
휴일 연중무휴
http://www.ivan.shop-site.jp
012 므슈브레드
056 이방브레드

프랑스과자 프랑스빵 비고의 가게(ビゴの店) 본점

맛있는 프랑스빵을 일본에 널리 전파한 필립 비고의 가게. 1972년 창업한 이래 첨가물이나 보존료를 사용하지 않아 안심하고 먹을 수 있는 빵과 과자를 다양하게 제공하고 있다.

주소 효고현 아시야시 나리히라초 6-16 [兵庫県 芦屋市 業平町 6-16]
전화 0797-22-5137
영업시간 9시~21시
휴일 월요일(월요일이 공휴일인 경우에는 그 다음날이 휴일)
http://www.bigot.co.jp
020 사각식빵   **068** 그레이엄 식빵
084 팽 드 미 브리오슈

폰셰(Ponshe)

골드식빵은 멀리서부터 차를 타고 와서 사가는 손님이 많을 정도로 인기가 많다. 연어튀김 샌드위치를 만들기 위해 연어를 통째로 구입하여 직접 손질해서 만들 정도로, 빵 만드는 일에 수고를 아끼지 않는다.

주소 아이치현 나고야시 미즈호구 도에이초 5-18 [愛知県 名古屋市 瑞穂区 東栄町 5-18]
전화 052-852-4070
영업시간 7시~19시
휴일 월요일, 화요일
http://www.ponshe.com/

028 골드식빵
076 흑설탕식빵

푸르니에(Fournier)

역에서 많이 떨어진 주택가에 있지만 아침 6시에 100가지의 빵 종류 중 70~80%를 완성하면, 점심 때까지 거의 대부분이 팔릴 정도로 인기가 많은 가게. 정통 하드계열의 빵도 맛있다.

주소 오사카부 이즈미시 노조미노 3-799-43 [大阪府 和泉市 のぞみ野 3-799-43]
전화 0725-55-2220
영업시간 6시~다 팔릴 때까지(점심 정도)
휴일 일요일, 목요일
http://www.fournier.jp

032 사각식빵

루앵 몽타뉴(Loin montagne)

시라카미코다마 효모와 홋카이도산 밀을 주재료로, 엄선된 식재료를 사용하여 안심하고 먹을 수 있는 빵을 만드는 데 앞장서고 있는 빵집. 식빵으로 만든 샌드위치는 점심시간이면 줄을 설 정도로 인기가 많다.

주소 도쿄도 기타구 오지혼초 1-15-20 다카키 빌딩 1층 [東京都 北区 王子本町 1-15-20 高木ビル 1F]
전화 03-3900-7676
영업시간 9시 30분~18시
휴일 일요일, 공휴일, 둘째 · 넷째 토요일
http://www.loin-montagne.com
040 시라카미 생크림식빵
094 팽 앙글레즈

불랑주리 토스트(Boulangerie Toast)

'도게누키지조[とげぬき地蔵]'라는 불상이 있는 절로 유명한, 도쿄 스가모에 있는 오래된 빵집. 다양한 종류의 식빵과 오리지널 과자빵, 매일 매일 새롭게 바뀌는 샌드위치 등, 다양한 아이템으로 인기를 얻고 있다.

주소 도쿄도 도시마구 스가모 1-19-10 [東京都 豊島区 巣鴨 1-19-10]
전화 03-3943-2345
영업시간 8시~20시 / 토요일 8시~19시
휴일 일요일, 공휴일
http://boulangerie-toast.jp/

048 스가모토스트
126 하루유타카 식빵

봉 비방(Bon Vivant)

빵집들이 치열하게 경쟁하는 덴엔토시센 주변에 자리잡고 있으며, 평일에는 350명, 휴일에는 500명이 왔다갈 정도로 인기가 많은 가게이다. 약 25종류의 샌드위치와 식빵 등이 있다.

주소 가나가와현 요코하마시 아오바구 아오바다이 1-32-2 [神奈川県 横浜市 青葉区 青葉台 1-32-2]
전화 045-983-5554
영업시간 8시~19시
휴일 월요일, 화요일
http://www.bon-vivant-pan.com/
060 식빵
154 다이치노메구미

트윈클(Twinkle)

기무라 게이이치 셰프는 호텔과 베이커리샵 등에서 경험을 쌓은 다음 오너 셰프가 되었다. 지역 손님들을 중심으로 신뢰를 얻고 있다.

주소 가나가와현 야마토시 쓰키미노 5-9-6 [神奈川県 大和市 つきみ野 5-9-6]
전화 046-277-1213
영업시간 8시~19시(카페는 17시까지)
휴일 일요일, 수요일

036 고급식빵
102 영국빵

브레드 크리에이터 스기야마 히로하루[杉山洋春]

1979년 도쿄에서 태어났다. 쓰쿠바시의 호텔에서 경험을 쌓고, 한조몬[半蔵門] <뮤제>의 셰프로 취임, 2003년에 독립하였다. 2007년 11월에 <Pain D'artisan Nicolas>를 일시휴업하고, 다방면으로 활약 중이다.

044 사각식빵
130 무염무당빵

팽 드 나노슈(Pain de Nanosh)

휴일이면 500명의 손님들이 방문하는 소문난 빵집. 2007년 10월에는 가까운 곳으로 이전하여 보다 스타일리시한 공간으로 변신하였다. 더불어 모든 상품에 사용하는 밀가루를 일본산 밀가루로 바꿨다.

주소 가나가와현 지가사키시 도모에 1-4-20 CASA ARBOLES 1층[神奈川県 茅ヶ崎市 共恵 1-4-20 カーサアルボリーズ 1F]
전화 0467-86-8757
영업시간 8시~20시
토요일, 일요일, 공휴일 7시~19시
휴일 미정
http://nanosh.net/
052 식빵   **114** 휴일 브런치

불랑주리 푸 부(Boulangerie Pour Vous)

오다큐선 요요기 우에하라 역에서 도보로 4~5분 거리에 있는 쇼핑가에 위치하고 있다. 4평 남짓한 작은 공간이지만, 매일 약 100종류의 빵이 빽빽하게 진열된다. 필링이나 소스까지 직접 만든다.

주소 도쿄도 시부야구 우에하라 1-22-2 요시미빌딩 1층 [東京都 渋谷区 上原 1-22-2 良美ビル 1F]
전화 03-5465-2333
영업시간 9시~19시(일요일 · 공휴일 9시~18시)
휴일 수요일, 셋째 화요일

064 사각식빵

불랑주리 므슈 아슈
(Boulangerie monsieur H)

고베 · 오사카 지역의 미식가들에게 인기가 많은 빵집. 하드계열의
빵이 인기가 있으며 그 빵을 사용한 샌드위치도 많이 있다. 와인과 잘
어울리는 빵이 많아 호평을 받고 있다.

주소 효고현 니시노미야시 나카마에다초 7-32
[兵庫県 西宮市 中前田町 7-32]
전화 0798-32-0031
영업시간 8시 30분 ~ 19시
휴일 월요일
(월요일이 휴일이면 그 다음날이 휴일)

072 흑설탕 사각식빵

불랑주리 세 가자마(Boulangerie Chez Kazama)

빵공예로 유명한 가자마 도요쓰구 셰프가 운영하는 빵집. 식빵은 영
국 대사관에 납품하는 '팽 드 프르미에'를 비롯하여 7종류가 있다.

주소 도쿄도 지요다구 이치반초 10 이치반초
웨스트빌딩 1층[東京都 千代田区 一番町 10
一番町ウエストビル 1 Ｆ]
전화 03-3263-2426
영업시간 8시 30분 ~ 20시 30분
휴일 일요일
http://www.chez-kazama.jp/
090 팽 드 프르미에
138 그레이엄 브레드

푸 프레캉테(Peu Frequente)

밀가루의 맛을 살리기 위해 통밀가루는 일본산 밀을 매장에서 직접
맷돌로 갈아 사용한다. 인기가 많은 식빵은 종류가 13가지나 되며, 미
리 예약하고 구입해야 할 정도로 판매량이 늘어나고 있다.

주소 아이치현 나고야시 미즈호구 도요오카도
리 1-25 샹보르곤도 1층[愛知県 名古屋市 瑞
穂区 豊岡通り 1-25 シャンボール近藤 1 Ｆ]
전화 052-858-2577
영업시간 8시 ~ 19시
휴일 월요일(월 1일 미정휴일 있음)

122 하드토스트
142 그레이엄

도라야베이커리

심플하지만 개성 있는 빵을 만드는 데 전력을 다하고 있으며, 보통 50
종류 정도 준비한다. 또한 새로운 아이디어로 만든 상품을 끊임없이
선보이고 있는, 지역밀착형 인기 빵집이다.

주소 도쿄 가쓰시카구 히가시카나마치 3-17-
4 도라야빌딩 1층 [東京都 葛飾区 東金町
3-17-4 とらやビル 1F]
전화 03-5660-2355
영업시간 11시 ~ 품절될 때까지(빠르면 16 ~ 17
시, 보통은 18 ~ 19시)
휴일 일요일, 월요일
http://toraya-bakery.at.webry.info/
098 식빵 **146** 호밀빵

후지산 용암가마에 구운 season factory 팡노미
(富士山 溶岩窯の店 season factory パンの実)

2005년 7월에 오픈하였다. '건강, 안전, 맛'을 테마로, 그 지역의 채소
를 이용하여 계절감이 물씬 풍기는 빵 등 190종류의 빵을 제공한다.
공기 정화를 위해, 벽에 숯을 넣어두었다.

주소 효고현 니시노미야시 고소네초 3-8-24
[兵庫県 西宮市 小曽根町 3-8-24]
전화 0798-47-8787
영업시간 평일 9시 ~ 19시
토요일, 일요일, 공휴일 8시 ~ 19시
휴일 월요일, 화요일
http://www.pannomi.jp
080 홍국식빵
110 시골식빵

불랑주리 루크(Boulangerie Rauk)

하드계열의 빵을 중심으로, 검은콩, 말차, 두유 등 교토 느낌이 물씬 나
는 식재료로 만든 빵이 있다. 폭넓은 손님들에게 인기가 많은 가게로,
이마데가와[今出川]의 상점가에는 '아오이바시[葵橋] 분점'이 있다.

주소 교토부 교토시 시모교구 니시노토인도리
시치조아가루 후쿠모토초 422-2
[京都府 京都市 下京区 西洞院通 七条上ル
福本町 422-2]
전화 075-361-6789
영업시간 7시 ~ 18시 30분
휴일 목요일
http://rauk.okoshi-yasu.com/
106 두유식빵

마이스터 가키누마스 박슈투베(Meister かきぬまs Backstube)

독일에서 마이스터 자격을 취득한 셰프가 만든 빵과 과자가 있는 가
게. 일본산 밀과 자가배양 효모를 사용한다. 잼과 팥소 등도 직접 만
들어서 사용한다.

주소 아이치현 나고야시 지쿠사구 사쿠라가오
카 58 [愛知県 名古屋市 千種区 桜が丘 58]
전화 052-781-3353
영업시간 9시 30분 ~ 18시 30분
휴일 목요일, 일요일
http://meisters-backstube.com

134 돌가마식빵

팡야키비토

설탕과 염분을 사용하지 않는 저칼로리빵 '칼로리'와 쿠스쿠스를 넣
은 '쿠스쿠스 빵' 등 몸에 좋고 이색적인 빵들이 가득하다.

주소 도쿄 세타가야구 다이타 1-35-13
[東京都 世田谷区 代田 1-35-13]
전화 03-3421-9399
영업시간 11시 ~ 20시(월요일 11시 ~ 19시)
휴일 화요일

158 흑설탕과 건포도
166 호두와 캐러멜

가라키다제분주식회사
（柄木田製粉株式会社）

주소 나가노현 나가노시 시노노이아이 30-2
[長野県 長野市 篠ノ井会 30-2]
전화 026-292-0890
팩스 026-293-2206
http://www.karakida.co.jp

가사하라산업주식회사
（笠原産業株式会社）

주소 도치기현 아시카가시 후쿠이초 819
[栃木県 足利市 福居町 819]
전화 0284-71-3181
팩스 0284-72-5641
http://www.kasa-kona.co.jp

구마모토제분주식회사
（熊本製粉株式会社）

주소 구마모토현 구마모토시 니시구 하나조노 1초
메 25-1 [熊本県 熊本市 西区 花園 1丁目 25-1]
전화 096-355-1221
팩스 096-311-2457
http://www.bears-k.co.jp

센추리

특징 고단백 밀가루. 글루텐이 매우 많으며
오븐 스프링이 잘 일어난다. 가수율이 높은
빵이나 고급빵 등에 최적인 밀가루.
성분 회분 : 0.43% 단백질 : 14.8%

골든카이저

특징 글루텐이 많고 오븐 스프링이 잘 일어
나는 최고급 식빵용 밀가루. 고급빵을 만들
때 좋다.
성분 회분 : 0.37% 단백질 : 12.5%

GRAIND'OR 시리즈_ 맷돌 밀가루 BH-15

특징 구마모토제분의 맷돌밀가루 'GRAINS'
OR' 시리즈 중 스탠더드 제품이다. 제빵성
이 좋은 북미산 밀이 원료. 미네랄 · 비타
민 · 식이섬유가 풍부하며, 밀 고유의 맛과
향을 즐길 수 있다.
성분 회분 : 0.90% 단백질 : 13.0%

(특)라인골드

특징 제빵용 강력분에 나가노현산 밀을 맷
돌로 갈아서 만든 밀가루를 블렌딩한 제품.
맷돌 밀가루 특유의 맛과 풍미를 살린 맛있
는 빵을 만들 수 있다.
성분 회분 : 0.48% 단백질 : 11.5%

골든메이플

특징 가사하라산업주식회사의 대표적인 빵
용 밀가루. 결이 고운 빵을 만들 수 있다.
성분 회분 : 0.36% 단백질 : 12.3%

GRAIND'OR 시리즈_ 맷돌 밀가루 KJ-15

특징 구마모토산 강력밀 100%로 만든 맷돌
밀가루. 맷돌로 간 밀가루는 알갱이 크기가 다
양해서 씹는 느낌이 좋은 빵이 된다. 아미노산
이 풍부하고, 단맛, 감칠맛이 강하다.
성분 회분 : 0.95% 단백질 : 10.5%

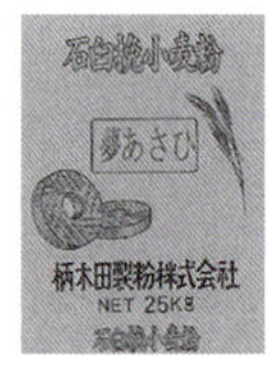

유메아사히

특징 나가노현산 밀 '유메아사히' 100%로
만든 밀가루. 섬유질, 미네랄을 많이 함유하
고 있으며, 강한 맛과 향이 있는 밀가루이다.
유메아사히만 사용하든 다른 제빵용 밀가루
와 블렌딩해서 사용하든, 특징이 잘 살아난다.
성분 회분 : 0.75% 단백질 : 10.8%

다마이즈미SP

특징 도치기현산 신품종 강력밀 '다마이즈
미' 100%로 만든 밀가루. 기존의 일본산 밀
에 비해 단백질이 매우 많고 일본산 밀 특유
의 맛과 풍미가 있다.
성분 회분 : 0.35% 단백질 : 11.1%

미나미노메구미

특징 구마모토산 강력밀 100%로 만든 빵
용 밀가루. 부드럽고 볼륨감 있는 빵을 만들
수 있다.
성분 회분 : 0.45% 단백질 : 10.1%

기노시타제분주식회사
（木下製粉株式会社）

주소 가가와현 사카이데시 다카야초 1086-1
［香川県 坂出市 高屋町 1086-1］
전화 0877-47-0811
팩스 0877-47-3660
http://www.flour.co.jp

히마와리
특징 식빵 전용 밀가루. 갓 구운 빵이 부드
럽고 고소한 냄새가 나는 것처럼 갓 제분한
밀가루로 빵을 구우면 풍미와 탄력이 있는
빵을 만들 수 있다.
성분 0.37% 단백질 : 12.3%
수분 14.0±0.5%

기다제분주식회사
（木田製粉株式会社）

주소 삿포로시 기타구 시노로 6조 7초메 2-28
［札幌市 北区 篠路 6条 7丁目 2-28］
전화 011-773-7777
팩스 011-771-9789
http://www.kidaseifun.co.jp/

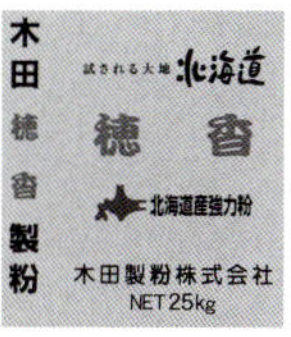

기타노가오리
특징 홋카이도산 가을밀인 '기타노카오리'
로 만든 밀가루. 밀의 중심부분부터 바깥쪽
까지 폭넓게 함유되어 있다. 적당히 쫄깃하
고 단단하며 입안에서 잘 녹고 볼륨감 있는
빵을 만들 수 있다.
성분 회분 : 0.48% 조단백질 : 11.5%

미치하루
특징 홋카이도산 봄밀만 사용한 강력분. 흡
수성이 좋고, 탄력이 강하며, 단단하기 때문
에 사용하기 편하다. 쫄깃하고 탄력 있는 식
감이 된다.
성분 회분 : 0.45% 조단백질 : 11.0%

메이플 크레스트
특징 캐나다산 밀로 만든 밀가루. '매일 먹
어도 질리지 않는' 빵을 만들기에 최적인 빵
용 밀가루이다. 겉껍질까지 모두 맷돌로 갈아
서 미네랄 성분이 풍부하고 영양가도 높다.
성분 회분 : 0.42% 조단백질 : 12.7%

닛신제분주식회사
（日清製粉株式会社）

주소 도쿄도 지요다구 간다니시키초 1초메 25번지
［東京都 千代田区 神田錦町 一丁目 25番地］
전화 03-5282-6360
팩스 03-5282-6137
http://www.nisshin.com

슈퍼킹
특징 단백질 함유량이 많고 오븐 스프링이
잘 일어나기 때문에, 정통 산형식빵에 알맞
은 밀가루이다. 풍미가 좋고 부드러우며 적
당히 탄력이 있어서 촉촉하고 부드러운 식
감의 빵을 만들 수 있다.
성분 회분 : 0.42% 조단백질 : 13.8%

카멜리아
특징 풍미가 좋아서 제빵에 많이 쓰이는
닛신제분의 대표적인 밀가루이다. 작업성
과 품질의 안정성 등이 모두 우수해서 일반
식빵부터 다양한 응용 빵까지 폭넓게 사용
된다.
성분 회분 : 0.37% 조단백질 : 11.8%

세이버리
특징 밀 고유의 풍미를 즐기는 식빵에 알맞
은 밀가루. 반죽이 잘 뭉쳐지고 매끄러워서,
발효종과 버터 등 부재료를 넣는 빵에 잘 어
울린다.
성분 회분 : 0.43% 조단백질 : 12.7%

닛코쿠제분주식회사
（日穀製粉株式会社）

주소 나가노현 나가노시 미나미치토세 1초메 16번지 2 [長野県 長野市 南千歳 一丁目 16番地 2]
전화 026-228-4157
팩스 026-228-9126
http://www.nikkoku.co.jp/

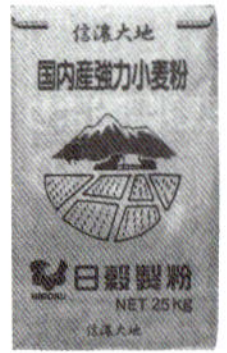

시나노다이치
특징 일본산 밀 특유의 좋은 향이 있으며, 작업하기 편하다. 쫄깃하고 부드러운 식감의 빵을 만들 수 있다.
성분 회분 : 0.55% 조단백질 : 10.0%

하나아즈사
특징 엄선된 나가노현산 밀 100%로 만든다. 일본산 밀 특유의 좋은 향이 있으며, 작업하기 편하다. 쫄깃하고 부드러운 식감이 오래 가는 빵용 밀가루이다.
성분 회분 : 0.45% 단백질 : 10.5%

닛토후지제분주식회사
（日東富士製粉株式会社）

주소 도쿄도 주오구 신카와 1-3-17 [東京都 中央区 新川 1-3-17]
전화 03-3553-8785
팩스 03-3553-7320
https://www.nittofuji.co.jp/

골든나이트
특징 오븐 스프링이 잘 일어나며 속이 하얗고 풍미가 좋은 빵을 만들 수 있다. 리치한 고급식빵, 버터롤에 등에 알맞은 밀가루.
성분 회분:0.34% 단백질:11.6%

아카나이트
특징 색깔과 풍미가 좋고 작업하기 편한, 닛토후지제분의 대표적인 고급빵용 밀가루. 고급식빵·과자빵, 버터롤 등에 잘 어울린다.
성분 회분 : 0.37% 단백질 : 12.0%

후지오칸
특징 크리미한 색깔로 윤기가 있는 밀가루. 입안에서 잘 녹는 최고급 식빵에 알맞은 밀가루이다.
성분 회분 : 0.36% 단백질 : 11.8%

닛폰제분주식회사
（日本製粉株式会社）

전화 03-3550-2385
http://www.nippn.co.jp/

요트
특징 닛폰제분의 대표적인 빵용 밀가루. 풍미가 좋고 안정적으로 가공할 수 있어서 식빵 만들기에 적합한 고품질 밀가루이다. 잡미가 없고 밀의 단맛을 즐길 수 있다.
성분 회분 : 0.35% 단백질 : 11.8%

골든요트
특징 고단백 제빵용 밀가루. 반죽에 탄력이 생기고 오븐 스프링이 잘 일어나서 산형식빵이나 건포도 등을 넣는 응용 식빵에 알맞다. 반죽의 품질을 향상시키기 위해 일부를 섞어서 사용하는 방법도 추천한다.
성분 회분 : 0.46% 단백질 : 13.5%

슬로브레드 재퍼네스크
특징 100% 홋카이도산 밀로 만든 밀가루. 반죽을 다루기 쉽고, 오븐 스프링이 잘 일어나며, 노화가 늦게 진행되는 것이 특징이다. 일본산 밀 특유의 쫄깃한 식감과 단맛이 있는 식빵을 만들 수 있다.
성분 회분 : 0.45% 단백질 : 10.6%

다이요제분주식회사
（大陽製粉株式会社）

주소 후쿠오카현 후쿠오카시 주오구 나노쓰 4-2-22 [福岡県 福岡市 中央区 那の津 4-2-22]
전화 092-713-1771
팩스 092-781-2527
http://www.taiyomil.com/

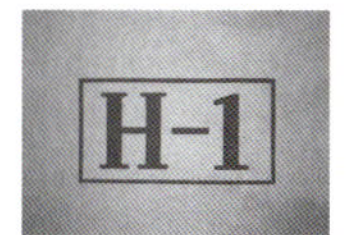

H-1
특징 제분 전 필링가공으로 밀 겉면의 얇은 껍질을 제거하여 청결하게 만든 밀가루. 캐나다산 1CW 밀로만 만들며, 토스트로 많이 먹는 식빵의 경우 노화가 늦게 진행되고 껍질은 바삭하게 만들 수 있다. 2006년 판매.
성분 회분 : 0.42% 조단백질 : 12.2%

팡쇼쿠닌
특징 제분 전 필링가공으로 밀 겉면의 얇은 껍질을 제거해서 청결하게 만든다. 원재료 모두 최적의 상태로 제분한 다음 블렌딩한다. 2002년 판매.
성분 회분 : 0.37% 조단백질 : 12.0%

도리고에제분주식회사
（鳥越製粉株式会社）

주소 후쿠오카시 하카타구 히에마치 5-1 [福岡市 博多区 比恵町 5-1]
전화 092-477-7117
팩스 092-477-7122
http://www.the-torigoe.co.jp/

우타마로
특징 최고급 빵용 밀가루. 오븐 스프링이 잘 일어나고 탄력 있는 빵을 만들 수 있다.
성분 회분:0.37% 단백질:11.8%

세노테
특징 흡수력이 높아서 식감이 좋은 빵을 만들 수 있다. 노화가 늦어서 오래 보관할 수 있다.
성분 회분:0.38% 단백질:12.0%

제뉴인
특징 최고급 빵용 밀가루. 볼륨 있고 결이 고우며 속이 하얗고 부드러운 빵을 만들 수 있다.
성분 회분:0.37% 단백질:11.9%

도쿠시마제분주식회사
（德島製粉株式会社）

주소 도쿠시마현 도쿠시마시 미나미니켄야초 3초메 1-8 [德島県 徳島市 南二軒屋町 3丁目 1-8]
전화 088-622-9186
팩스 088-622-9163
http://www.kinchan.co.jp

도쿠쓰루기산
특징 식빵용 밀가루. 밀 고유의 풍미와 우수한 가공 안정성을 갖춘 밀가루이다. 또한 흡수율과 볼륨감이 좋아서 껍질이 부드럽고 얇으며 윤기 있는 식빵을 만들 수 있다.
성분 회분 : 0.35% 조단백질 : 11.8%

조나루토킨쓰루
특징 색깔과 풍미의 밸런스가 잘 맞는 밀가루. 흡수율과 작업성도 좋고 안정적으로 사용할 수 있다. 식빵부터 과자빵까지 다양하게 사용한다.
성분 회분 : 0.37% 조단백질 : 12.2%

나루토코스모스
특징 식빵, 버터롤, 과자빵 등을 만드는 밀가루. 구운 후의 품질을 고려한 새로운 감각의 밀가루이다. 볼륨 있고 신선하며 부드러운 빵을 만들 수 있다.
성분 회분 : 0.37% 조단백질 : 12.2%

마루신제분주식회사
（丸信製粉株式会社）

주소 아이치현 아마군 가니에초 니시노모리 7초메 112번지 [愛知県 海部郡 蟹江町 西之森 7丁目 112番地]
전화 0567-95-2147(대표)
팩스 0567-95-7688

벨 물랭
특징 단백질이 많이 함유된 제빵용 강력분이다. 일반 밀가루보다 1~2% 정도 가수율이 높아서 노화도 느리다. 밀 고유의 맛과 풍미가 있고, 오븐 스프링이 잘 일어나며, 볼륨 있는 빵을 구울 수 있다.
성분 회분 : 0.37±0.01%
단백질 : 11.7% 이상

오가닉
특징 북미산 유기농 밀을 직수입해서, 유기 JAS인정을 받은 자사공장에서 제분한 밀가루. 산형식빵의 경우, 모양이 잘 나오고 탄력이 있으며 쫄깃한 식감이 된다.
성분 회분 : 0.38±0.01% 단백질 : 11.7%

마스다제분소
（増田製粉所）

주소 효고현 고베시 나가타구 우메가카초 1-1-10 [兵庫県 神戸市 長田区 梅ケ香町 1-1-10]
전화 078-681-6701(대표)
팩스 078-681-6710
http://www.masufun.co.jp/

슈피리어
특징 엄선된 양질의 강력밀을 사용하여 가공에 적합하고 풍미도 좋은 제빵용 밀가루. 팽 브리오슈처럼 리치한 식빵, 씹는 느낌과 바삭함을 중요시하는 영국빵, 냉장발효법으로 만드는 하드토스트 등에 알맞다.
성분 회분 : 0.44% 조단백질 : 13.5%

캐나다100
특징 세계에서 가장 정평이 나 있는 캐나다산 강력밀 100%로 만든 빵용 밀가루이다. 흡수성과 작업성이 좋고, 오븐 스프링도 잘 일어나서 다양한 활용이 가능하다. 부드럽고 매끄러운 식감과 더불어 입안에서 잘 녹는 빵을 만들 수 있다.
성분 회분 : 0.38% 조단백질 : 13.2%

선버드
특징 색깔이 밝고 오븐 스프링이 잘 일어나서 식사빵에 제격인 밀가루이다. 믹싱에 강해서 스트레이트법, 중종법 등 제빵법에 관계없이 부드럽고 탄력 있는 반죽이 된다. 풍미와 식감이 좋은 빵을 만들 수 있다.
성분 회분 : 0.37% 조단백질 : 11.8%

마에다산업주식회사
（前田産業株式会社）

주소 오사카시 미나토구 이시다 2-3-19 [大阪市 港区 石田 2-3-19]
전화 06-6572-2251
팩스 06-6574-3726
http://www.mayeda-sangyo.co.jp/

파일럿
특징 엄선된 밀을 독자적인 기술로 제분해서 만든 빵용 밀가루이다. 흡수력이 높고, 믹싱 내성이 있으며, 반죽할 때 끈적거리지 않고 오븐 스프링이 잘 일어난다. 풍미가 좋고 입안에서 잘 녹는 빵을 만들 수 있다.
성분 회분 : 0.38% 단백질 : 12.6%

슈퍼골프
특징 최고급 제빵용 봄밀로 만든 밀가루. 흡수력이 높고, 작업성이 좋으며, 오븐 안에서 크게 부풀어오른다. 단백질 함유량이 높으며 여러 가지 빵에 사용할 수 있다.
성분 회분 : 0.37% 단백질 : 12.8%

파리 더 브로드
특징 원료를 엄선하여 독자적인 제분기술로 만든 밀가루. 유럽풍 빵의 전통적인 풍미가 있으며, 밀가루 본래의 맛을 살리는 프랑스빵에 어울리는 밀가루이다. 시간이 오래 걸리는 제빵법에 적합하다.
성분 회분 : 0.48% 단백질 : 11.4%

소가제분주식회사
（曽我製粉株式会社）

주소 군마현 마에바시시 리키마루마치 221번지
[群馬県 前橋市 力丸町 221番地]
전화 027-265-1157
팩스 027-265-3157

나이트
특징 쫄깃한 식감이 있으며 입안에서 부드
럽게 녹는 밀을 독자적으로 블렌딩하였다.
재료의 풍미를 살리기 위해 질리지 않는 맛
의 밀가루로 완성.
성분 회분 : 0.37% 단백질 : 12.0%

더블8호
특징 군마현에서 개발한 '더블8호 밀'을 사
용한다. 또한 밀에서 추출한 글루텐을 첨가
하여 기계 내성이 좋고 풍미가 풍부한 빵을
만들 수 있다.
성분 회분 : 0.46% 단백질 : 12.5%

쇼와산업주식회사
（昭和産業株式会社）

주소 도쿄도 지요다구 우치칸다 2-2-1
[東京都 千代田区 内神田 2-2-1]
전화 03-3257-2904
팩스 03-3257-2945
http://www.showa-sangyo.co.jp/

프라미넌트
특징 캐나다산 밀만 사용하여 향과 풍미를
최대한 살린 빵용 밀가루. 보습성이 뛰어나
서 촉촉하고 부드러우며 입안에서 잘 녹고
탄력 있는 식빵을 만들 수 있다.
성분 회분 : 0.46% 단백질 : 13.0%

오호츠크
특징 홋카이도산 밀만으로 향, 맛, 영양을
최대한으로 살린 빵용 밀가루이다. 외국산
밀에 뒤지지 않는 흡수성과 작업성으로 볼륨
있는 빵을 만들 수 있다.
성분 회분 : 0.61% 단백질 : 12.4%

F
특징 고급스러운 겉모습, 바삭하고 얇은 크
러스트, 노릇노릇한 속과 기포가 있는 프리
미엄 건강빵을 만드는 밀가루이다. 흡수성이
높아서 촉촉하고 쫄깃한 식감이 오래 간다.
성분 회분 : 0.46% 단백질 : 10.8%

아베제분주식회사
（阿部製粉株式会社）

주소 후쿠시마현 고리야마시 히와다마치 도바 2-1
[福島県 郡山市 日和田町 道場 2-1]
전화 024-958-4157
팩스 024-958-2449
http://www.abe-mills.com

긴와시에스
특징 풍미가 풍부하고 색깔이 고우며, 식감
이 좋고 입안에서 잘 녹는 고급빵용 밀가루.
성분 회분 : 0.41% 단백질 : 12%

아오와시
특징 글루텐이 많고 작업하기도 좋다. 풍미
와 볼륨이 균형을 이룬 제빵용 밀가루.
성분 회분 : 0.59% 단백질 : 13%

유키치카라 빵용
특징 일본산 밀 '유키치카라' 100%로 만든
빵용 밀가루. 일본산 밀이지만 글루텐이 많
아 제빵용으로 적합하다. 아베제분회사의 독
자적인 기술로 제분한 밀가루로, 쫄깃한 식
감과 풍부한 풍미가 특징이다.
성분 회분 : 0.48% 단백질 : 11%

아사히제분주식회사
（旭製粉株式会社）

주소 나라현 사쿠라이시 우에노미야 67-2
[奈良県 桜井市 上之宮 67-2]
전화 0744-42-2971
팩스 0744-45-4569
http://www.konaya.biz

레드큐브

특징 제빵에 알맞은 적색밀 3종류(1CW,
HRW, DNS)를 블렌딩한 제품. 오븐 스프링
이 잘 일어나고, 탄력 있는 빵을 만들 수 있
다. 특히 식빵을 만들 때 좋다.

성분 회분 : 0.39% 단백질 : 12.3%

모이스트

특징 기존의 밀가루와는 성질이 다른 빵용
밀가루. 가수율이 높기 때문에 입안에서 잘
녹고 목넘김이 좋으며, 탄력이 있고, 노화가
늦게 일어나는 촉촉한 빵을 만들 수 있다.

성분 회분 : 0.42% 단백질 : 12.3%

에베쓰제분주식회사
（江別製粉株式会社）

주소 홋카이도 에베쓰시 미도리마치 히가시 3초메
91번지 [北海道 江別市 緑町 東3丁目 91番地]
전화 011-383-2311
팩스 011-383-2315
http://haruyutaka.com/

하루유타카 블렌드

특징 수확량이 많지 않은 '하루유타카'이지
만 초겨울에 씨를 뿌려 안정된 수확을 실현
하였다. 산지의 이해와 협력으로 하루유타카
를 우선적으로 사용한다. 하루유타카 특유의
단맛과 쫄깃함이 돋보인다.

성분 회분 : 0.45% 단백질 : 10.9%

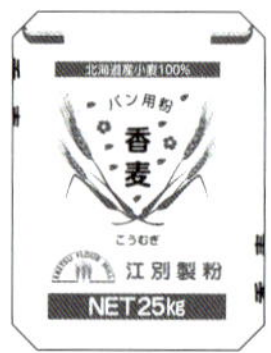

고무기

특징 '하루유타카'의 뒤를 잇는 봄밀 '하루
요코이'를 주로 사용하여, 맛과 향의 밸런스
가 잘 맞는 밀가루이다. 흡수성이 뛰어나며,
수입 밀가루만큼 제빵에 적합하고, 믹싱 내
성이 있다. 식빵을 비롯하여 모든 빵에 사용
할 수 있다.

성분 회분 : 0.45% 단백질 : 11.0%

통밀가루 강력분

특징 식이섬유와 미네랄을 많이 함유한, 영
양가 높은 밀가루. 밀의 겉껍질을 곱게 갈아
서 작업하기 좋고 먹기 편하다. 단품으로 사
용하는 것은 물론, 다른 밀가루와 섞어서 사
용해도 개성적인 빵을 완성할 수 있다.

성분 회분 : 1.30% 단백질 : 11.2%

오다조제분주식회사
（小田象製粉株式会社）

주소 오카야마현 구라시키시 고지마시오나스
2767-6 [岡山県 倉敷市 児島塩生 2767-68]
전화 086-475-2211 **팩스** 086-475-2213
http://www.odazo.jp/
s-osa@odazo.jp

로열 라이프

특징 밀에서 채취한 '락토바실러스 플란타
룸(Lactobacillus plantarum)'이라는 유산
균을 유산발효 및 숙성시켜서 넣은 밀가루.
밀에서 채취한 식물성 유산균은 발효에 의해
깊은 풍미와 식감을 만들어낸다. 건강에 좋
은 빵을 만들 수 있다.

성분 회분 : 0.40% 단백질 : 12.4%

긴조

특징 흡수성과 반죽의 안정성이 뛰어나며,
기계 내성도 좋은 고급 빵용 밀가루. 풀먼식
빵을 비롯하여 다양한 빵에 사용할 수 있다.
밀의 자연스러운 단맛과 부드러움이 있으며
입안에서 잘 녹는 식빵을 만들 수 있다.

성분 회분 : 0.38% 단백질 : 12.8%

뇌프 방테

특징 빵 고유의 향과 풍미를 살려주는 밀가
루. 산형식빵을 만들면 껍질은 바삭하고 고
소하며, 속은 부드럽게 완성된다. 최고급 산
형식빵을 만들 수 있다.

성분 회분 : 0.38% 단백질 : 10.8%

오쿠모토제분주식회사
（奥本製粉株式会社）

주소 도쿄도 고토구 도미오카 2-2-11
[東京都 江東区 富岡 2-2-11]
전화 03-5639-0981 **팩스** 03-5639-0982
http://www.om-group.co.jp/
info@om-group.co.jp

슈퍼베스톤

특징 신전성이 우수하며 적당히 탄력 있는 밀을 엄선하여 제빵에 적합한 밀가루. 밀의 중심부를 주로 사용하여, 고급스러운 풍미의 식빵을 만들 수 있다. 밀가루의 맛이 살아 있는 심플한 식빵부터 리치한 식빵까지 모두 잘 어울린다.

성분 회분 : 0.38% 단백질 : 12.5%

골든오크

특징 탄력이 강하고 신전성도 뛰어난 밀을 배합해서 만든 밀가루로, 힘 있는 반죽을 만들 수 있다. 흡수율이 높고 오븐 스프링이 잘 일어난다. 고배합 식빵에 잘 어울린다.

성분 회분 : 0.45% 단백질 : 13.5%

헤르메스

특징 탄력 있고 신전성이 뛰어난 반죽을 만들 수 있다. 질리지 않는 맛과 고급스러운 풍미가 특징이다. 스트레이트법, 중종법 등 대부분의 제빵법에 적합하다. 작업하기 편하고 안정적이어서 품질 좋은 식빵을 만들 수 있다.

성분 회분 : 0.38% 단백질 : 11.8%

요코야마제분주식회사
（横山製粉株式会社）

주소 홋카이도 삿포로시 시로이시구 헤이와도리 5초메 미나미 2-1 [北海道 札幌市 白石区 平和通 5丁目 南 2-1]
전화 011-864-2222(대표) **팩스** 011-864-2220
http://www.y-fm.co.jp/

닝구루

특징 풀먼식빵용 밀가루. 오븐 스프링이 잘 일어나고 탄력 있는 빵이 완성된다.

성분 회분 : 0.41% 조단백질 : 10.6%

슈퍼그랑프리

특징 밀가루에 밀단백, 맥아엑기스, 몰트가루, 증점다당류, 효소, 시스틴을 넣은, 산형식빵과 냉동반죽 등에 알맞은 밀가루이다. 조단백질이 많고, 믹싱 내성이 뛰어나며, 오븐 스프링이 잘 일어나고, 윤기가 있다.

성분 회분 : 0.40% 조단백질 : 13.2%

그랑프리

특징 풀먼식빵과 버터롤 등에 알맞다. 씹는 느낌이 좋고 입안에서 잘 녹으며 밸런스가 잘 맞는 빵을 만들 수 있다. 반죽 안정성도 우수하다.

성분 회분 : 0.37% 조단백질 : 12.2%

지바제분주식회사
（千葉製粉株式会社）

주소 지바현 지바시 미하마구 신미나토 17번지
[千葉県 千葉市 美浜区 新港 17 番地]
전화 043-241-0116
팩스 043-241-0368
http://www.chiba-seifun.co.jp/

하나조프레리

특징 캐나다산 밀만 사용하여 흡수율과 작업성이 우수하며, 향이 좋은 빵을 만들 수 있다. 산형식빵, 사각식빵 외에 버터롤 등 여러 가지 빵을 만들 수 있다.

성분 회분 : 0.37% 조단백질 : 12.2%

하나조토쿠바라

특징 가공하기 좋을 뿐 아니라, 맛과 향이 모두 뛰어난 지바제분의 대표적인 제빵용 밀가루이다. 식빵 외에 버터롤과 고급 과자빵 등에도 잘 어울린다.

성분 회분 : 0.37% 조단백질 : 12.0%

하나조프레리골드

특징 품질로 정평이 난 캐나다산 밀을 원료로, 독자적인 제분기술을 적용하여 만든 밀가루. 가공성, 볼륨, 품질이 우수한 빵을 만들 수 있다. 맛과 목넘김이 부드럽고 식감이 쫄깃하다.

성분 회분 : 0.42% 조단백질 : 12.7%

호테식량주식회사
(布袋食糧株式会社)

주소 아이치현 고난시 고묘초 아오키 375
[愛知県 江南市 五明町 青木 375]
전화 0587-55-1181
팩스 0587-55-3384
http://hotey.co.jp/

N스칼렛
특징 식빵을 잘랐을 때 색깔과 모양이 모두 보기 좋고, 풍미와 작업성도 뛰어나서 프로들이 좋아하는 밀가루이다.
성분 회분 : 0.36% 단백질 : 12.4%

아카A
특징 반죽 안정성이 우수하고 수제빵이나 기계빵에 모두 적합한 호테식량주식회사의 대표적인 빵용 밀가루이다.
성분 회분 : 0.41% 단백질 : 12.8%

아카AS
특징 밀 고유의 맛과 좋은 향을 즐길 수 있는 밀가루이다.
성분 회분 : 0.44% 단백질 : 12.7%

히가시니혼산업주식회사
(東日本産業株式会社)

주소 이와테현 시와군 시와초 이누부치 야치타 116-7
[岩手県 紫波郡 紫波町 犬渕字 谷地田 116-7]
전화 019-676-4141
팩스 019-676-4150
http://hns-g.co.jp/

테리야토쿠고(난부코무기)
특징 100% 이와테현산 난부코무기의 밀기울을 떼어내고, 배아부분을 갈아서 만든다. 난부코무기 특유의 풍미가 풍부한 밀가루이다.
성분 회분 : 0.47% 단백질 : 10.5%

유키치카라
특징 100% 이와테산 유키치카라 밀로 만들며, 풍부한 풍미로 제빵에 알맞은 밀가루이다. 하드계열 빵을 비롯하여 여러 가지 빵에 사용할 수 있고, 색깔과 결이 고운 빵을 만들 수 있다.
성분 회분 : 0.47% 단백질 : 11.0%

르 꼬르동 블루 파티세리 NEW
LE CORDON BLEU L'ÉCOLE DE LA PÂTISSRIE

르 꼬르동 블루 지음
230×280 | 512쪽 | 58,000원

1895년 설립된 이래 120여 년간 정통 프렌치 퀴진의 지식과 기술을 전수해온 르 꼬르동 블루 제과학교의 교수진이 가르쳐주는 레시피 100. 기초와 단계별 과정을 수업 그대로 책으로 배운다. 각 레시피마다 과정별 시간과 난이도, 특징적 재료, 기법 등을 알려준다.

북유럽 오픈샌드위치 NEW

Seibundo Shinkosha 엮음
190×257 | 144쪽 | 15,000원

북유럽의 대표도시 코펜하겐과 스톡홀름. 그곳에서 인기 있는 유명 레스토랑의 오픈샌드위치 레시피를 소개한다. 세계가 주목하는 아름답고도 맛있는 스뫼레브뢰드, 그들이 사랑하는 오픈샌드위치를 직접 만들어보고 즐겨보자.

밀가루 물 소금 이스트

KEN FORKISH 지음
203×254 | 272쪽 | 34,000원

겉은 바삭하며, 속은 부드럽고 말랑말랑하게 잘 구워진 최고의 빵과 피자를 만드는 〈켄즈 아티장 베이커리〉의 노하우를 공개한다. 또한 각자의 능력에 맞는 다양한 맞춤 레시피와 자신의 라이프스타일에 맞춰 스케줄을 조절하는 팁도 제공한다.

세계의 정통레시피와 계절별 응용레시피
샌드위치, 어떻게 조립해야 하나?

NAGATA YUI 지음
190×257 | 240쪽 | 16,000원

세계 7개국과 2개 지역에서 25가지 샌드위치 메뉴를 골라 유래와 만드는 포인트, 응용 테크닉까지 자세히 알려주고, 계절별 응용 방법도 설명한다. 빵·치즈·햄·소스 등에 대한 자세한 정보와 채소 손질 방법, 샌드위치 조립 방법 등 전문적인 지식도 알차게 들어 있다.

제프리 해멀먼의 브레드

JEFFREY HAMELMAN 지음
187×232 | 544쪽 | 43,000원

세계적인 브레드 마이스터인 저자의 제빵 기술과 레시피, 기초 이론까지 완전히 마스터한다. 빵을 만드는 원리를 정확히 설명하여 빵의 품질을 획기적으로 높여주고, 좋은 빵을 평가하고 음미하는 방법도 설명한다.

잼, 콩포트, 시럽

시모사코 아야미 지음
182×237 | 96쪽 | 12,000원

같이 섞고, 위에 끼얹고, 사이에 바르고……. 다양하게 활용할 수 있는 잼, 콩포트, 시럽 52가지와 맛있는 간식 레시피 30가지를 함께 소개하였다. 핫케이크처럼 평소에 즐겨 먹던 평범한 간식을 간단한 방법으로 Magic처럼 맛있고 색다르게 변화시킬 수 있다.

아무도 가르쳐주지 않았던
프로가 되기 위한 빵교과서

Makoto Hotta 지음
190×257 | 144쪽 | 17,000원

제빵을 배울 때 아무도 가르쳐주지 않고 스스로 알아내야 하는 문제들을 해결해주는, 프로가 되기 위해 알아야 하는 것들을 풀어낸 책. 제빵의 각 과정을 사진과 함께 순서대로 나열하여 전체 과정을 한눈에 알아볼 수 있다.

토머스 켈러의
부숑 베이커리

Thomas Keller 지음
279×279 | 400쪽 | 60,000원

미슐랭 3스타를 받은 최초의 미국인 스타 셰프 토머스 켈러가 페이스트리부터 베이킹에 이르기까지 부숑 베이커리의 모든 노하우와 경험을 담은 책으로 셰프들의 활용도 높은 비법들을 배울 수 있다.

일본 유명 베이커리의
식빵 종류별 배합과 만들기 노하우

식빵의 기술

펴낸이 유재영 ┃ **펴낸곳** 그린쿡 ┃ **엮은이** 아사히야 출판 편집부 ┃ **옮긴이** 용동희

기　획 이화진 ┃ **편　집** 박선희 ┃ **디자인** 정민애

1판 1쇄 2017년 10월 20일
1판 4쇄 2021년 8월 31일
출판등록 1987년 11월 27일 제10-149
주소 04083 서울 마포구 토정로 53 (합정동)
전화 324-6130, 6131
팩스 324-6135
E메일 dhsbook@hanmail.net
홈페이지 www.donghaksa.co.kr
www.green-home.co.kr
페이스북 www.facebook.com / greenhomecook
인스타그램 www.instagram.com / __greencook

ISBN 978-89-7190-604-0 13590

- 잘못된 책은 바꾸어 드립니다.
- 이 책은 실로 꿰맨 사철제본으로 튼튼합니다.
- 파본 등의 이유로 반송이 필요할 경우에는 구매처에서 교환하시고,
출판사 교환이 필요할 경우에는 위의 주소로 반송 사유를 적어 도서와 함께 보내주세요.

옮긴이 용동희
서강대학교 화학공학 석사, 경희대학교 조리외식 석사를 마치고,
각종 잡지와 신문에 요리 기사를 연재하며 활발히 활동 중인 요리연구가 겸 푸드스타일리스트.
KBS국제방송에서 일본에 한국요리를 소개하는 코너를 진행했으며,
일본인 대상 한국요리 강좌 및 대학과 문화센터 등에서 요리 강의를 하고 있다.
또한 한국에 일본 요리책을 소개하는 전문 번역가로도 활동 중이다.